人文社会科学和艺术领域的
创造者创造力特征及其发展机制研究

# 创造力从何而来

*Where creativity comes from*

王静 ◎ 著

知识产权出版社
全国百佳图书出版单位
—北京—

**图书在版编目（CIP）数据**

创造力从何而来 / 王静著. —北京 ：知识产权出版社，2020.9
ISBN 978 -7 -5130 -7167 -3

Ⅰ. ①创… Ⅱ. ①王… Ⅲ. ①创造性—研究 Ⅳ. ①B842.5

中国版本图书馆 CIP 数据核字（2020）第 174069 号

**责任编辑**：荆成恭　　**责任校对**：谷　洋
**封面设计**：臧　磊　　**责任印制**：孙婷婷

**创造力从何而来**

王静　著

---

| | |
|---|---|
| **出版发行**：知识产权出版社有限责任公司 | **网　　址**：http://www.ipph.cn |
| **社　　址**：北京市海淀区气象路 50 号院 | **邮　　编**：100081 |
| **责编电话**：010 -82000860 转 8341 | **责编邮箱**：jcggxj219@163.com |
| **发行电话**：010 -82000860 转 8101/8102 | **发行传真**：010 -82000893/82005070/82000270 |
| **印　　刷**：北京九州迅驰传媒文化有限公司 | **经　　销**：各大网上书店、新华书店及相关专业书店 |
| **开　　本**：720mm × 1000mm　1/16 | **印　　张**：13.25 |
| **版　　次**：2020 年 9 月第 1 版 | **印　　次**：2020 年 9 月第 1 次印刷 |
| **字　　数**：208 千字 | **定　　价**：69.00 元 |

ISBN 978 -7 -5130 -7167 -3

---

# 前　言

人的创造力从何而来，各行各业都试图搞清楚这个问题。本书所提及的研究是教育部哲学人文社会科学研究重大课题攻关项目《创新人才与教育创新研究》子课题“我国创新人才的效标群体的特征研究”的一部分，旨在揭示高层次人文社会科学与艺术创造者的特点，以期全方位地认识社会杰出创造者的特点，对在中国文化环境下高创造力的来源和发展形成清晰的认识。本书从心理学的研究视角出发，以我国本土化环境中在人文社会科学和艺术领域取得创造性成就的杰出人才为研究对象，试图对他们的创造性及创造力从发展机制的角度进行解读。

本书的研究借助同领域研究者的帮助，筛选出人文社会科学领域的中文、语言、历史、哲学、社会，以及艺术领域的作家、导演、视觉艺术、舞蹈、书法、音乐方向的38名杰出人才为研究对象（被试），对他们进行深度访谈，请他们讲述自己创造性成果的研究过程，以及对他们做出创造性成就有影响的重要生活事件（包括事件的人物、过程与作用）。然后通过对访谈资料的主题分析，进行规范的开放编码、主轴编码、选择编码、历程编码，深入地挖掘人文社会科学与艺术创造者的思维特征、人格特征，分析创造者成长过程中的关键事件和重要他人，描述创造的过程。同时，还通过词汇联想测验方法、自评问卷法收集量化数据，借助非参数检验、聚类分析等方法对比分析创造者和领域新手的思维差异，深入勾画创造者的反身认知的人格特征。

通常认为有创造力的人都是天赋不一般的人，那么这些具有创造力的人，他们到底是什么样子呢？本书在研究之后，尝试进行了回答。

他们的思维特征的系统结构以瞬间的思维突破为核心，依托创造性思维的突出特点，以思维的形式为主要载体，外围受到天分和自身的兴趣影响。他们思维的突出特征表现在思维的综合性、思维的连续性、思维的系统性、思维的批判性、思维的对比性、类比迁移能力等14个方面。创造性思维形式呈现多样化特征，创造性人才的思维过程是发散思维与聚合思维、抽象逻辑思维和具体形象思维共同作用的过程。

他们的人格特征主要体现在两个层面，分别是积极的自我状态和良好的外界适应力。创造者的人格特征中个体的独立性这一特征非常凸显。他们成长中的关键影响事件主要有六类，按重要程度从大到小依次为：系统的教育、时代特征、自身、环境、机遇和家庭。影响最重要的是可控的教育要素：系统的教育。他们成长中的关键影响源主要有六类，分别是政治人物、思想引领者、虚体人物、老师、家庭成员、社会交往中的他人。他们的影响作用也主要有六个类别，分别为：引导建立信仰、启蒙、入门、领域内发展引导、镜映现象、支持作用。创造过程实际上是一个连续张力积蓄和释放的过程，并且不以创造作品的完成为终极。

本书的主体内容来源于作者的博士学位论文，后期加入了当下及新近的一些研究成果和作者的最新思考，以期使本书更加完善。初稿形成后，作者的学生孙倩倩同学付出了辛勤的汗水，为全书进行了初步的校稿工作，并和作者不断讨论，添加了不少新的内容，再次感谢她的辛苦付出。

特别感谢知识产权出版社的荆成恭编辑，在本书出版的编辑加工过程中，他的专业修养和高度负责的精神使本书在编辑加工之后，达到了更上一层楼的效果，他的专业水平让笔者深深佩服。在此感谢他付出的宝贵心血。

所有的作品都不可能十全十美，本书有疏漏之处也在所难免，欢迎读者和作者一起讨论、争鸣，让科学越辩越明。

笔者邮箱：wjing7579@163.com。

# 目　录

# 第一章　创新与创造力研究的重要性

## 第一节　走近创新与创造力研究

创造是人类本质的一部分，可以说人类文明的历史就是一部创造史。创造活动对个人的发展与价值实现有重要影响，更与综合国力、国家竞争力密切相关。能最大限度地发掘、发展人民潜在创造性的国家，必定能在激烈的竞争中占据领先地位。早期启蒙创造教育家霍伊尔提到“今日不重视创造性思维的国家，明日将因沦为落后国家而羞愧。”现今创造的重要性越来越广为人知。主要发达国家都力图通过最大限度地培养、开发自己国民的创造潜力，来带动国民经济和社会的全面发展。

我国在生态环境和市场国际化的压力下，由粗放增长型经济向效益成长型经济过渡。经济高速发展所积蓄的力量，客观上允许中国经济向一个更高水平的发展阶段转移。

效益成长型经济的基础是科学技术的不断进步，而科学技术持续进步的动力就是创新。近年来，党和国家领导人以及国家相关决策机构高度意识到创新对中国经济持续发展和中华民族崛起的重要性，在国家计划中反复强调创新的重要性。早在1996年4月江泽民接见《高技术研究发展计划纲要》（又称“863”计划）实施十周年工作会议代表时就指出，创新是一个民族进步的灵魂，是国家兴旺发达的不竭动力。在2006年年初国务院发布的《国家中长期科学和技术发展规划纲要（2006—2020 年）》中，“创新”是最为活跃和最受关注的主题词。

在创新方面，我们要更加关注以下问题：一个国家和民族民众的创新能力是怎样形成的？美国以其卓越的创新能力成了超级大国，那么究竟是什么因素促成美国在创新方面的持久优势呢？中国自清代鼎盛时期之后，由于创新能力的缺乏而国运日衰，最终遭受 100 多年列强侵华的屈辱史。在那个世界一体化不断发展的时代，为什么中国却逐步走向漠视甚至抑制创新的泥淖？今天的中国究竟需要怎样的机制来重新激发中华民族的创新潜力，并借助这种潜力的释放来获得广泛的竞争优势？这些问题，对当代中国，都具有高度战略意义。

## 一、创造力本质的探讨

对创造力本质的探讨主要表现为对创造力定义的争论。国内外学者从不同角度对创造力进行了以下定义。

### （一）能力角度的定义

从能力角度对创造力进行定义是最为普遍的一种视角。

较为一致的观点认为创造力是产生**新颖**而**适用**的观点的一种能力。该定义认为创造力是一种能力，在这种能力中体现了创造性产品评定的两个基本标准：新颖和适用。所谓“**新颖**”是指发生在较近时间内且发生频次较低，在某一个创造的过程中最新颖的观点可能只产生一次。**“适用”**是指创造性的产品对社会或人类的价值，即其有用性、适应性，以及价值的判定一般参照其所在领域的标准。

除此之外，现代创造力研究的倡导者吉尔福特（Guilford）从创造力的思维角度对创造力进行了定义，他认为创造力是智力中的一种特殊的能力。他提出创造思维是个体创造性的具体表现，而创造思维的核心是发散思维，发散思维的能力高低是创造性思维考核的主要标准（Amabile，2001）。

我国也有不少学者从能力角度对创造力进行了定义。我国学者的定义比较多元化，除了从智力品质本身和思维角度进行定义外，还有从宏观理念上对创造力进行上位定义的。

《心理学大词典》（2003）把创造力定义为“个体不受成规的束缚而能灵活地运用知识、经验，产生新思想，或发现和创造新事物的能力。成功完成某种创造性活动所必需的心理品质。”同时他们认同发散思维是创造力的重要成分。

林崇德（1999）把创造力定义为：“根据一定目的，运用一切已知信息，产生出某种新颖、独特、有社会意义或个人价值的产品的智力品质。”

荆其诚（1987）认为：“创造思维是应用新颖、独特的方式解决问题的思维活动。它与再造思维相对，需要以丰富的知识为基础，在面临习惯性方法不能解决问题时发生，常常带有突发的、顿悟的特点。创造思维是一切创造活动所必需的。”

张春兴认为：创造有两种理解，其一是指在问题情境中超越原有经验，突破习惯限制，形成崭新观念的心理历程；其二是指不受成规限制而能灵活运用经验以解决问题的超常能力。前者被视为思维历程，后者被视为思维能力（陈昭仪，2002）。

金盛华（1992）提出了一种更为概括化的理解：“创造力是产生新观念的能力，是系统的自我超越能力；个人之间的创造力只有程度的差别，没有类型的不同。”

### （二）过程角度的定义

著名的人本主义心理学家马斯洛从过程的角度将创造力分为：自我实现的创造性和特别才能的创造性。他认为：从自我实现的角度去看，任何人都具备一定的创造性，创造性在人们自我实现的过程中加以体现。除了人们在自我实现过程中共有的创造力以外，马斯洛认为一些创造力具有领域特殊性，只有具备特殊才能的人才能将这种创造性发挥出来。

彭聃龄（2001）也从过程的角度对创造性进行了定义，他认为，“创造性是指人们应用新颖的方式解决问题，并能产生新的、有社会价值的产品的心理过程。”虽然他的定义也是从心理过程定义的创造性，但他的描述仍然是定位于创造力得以实现的过程。

### （三）产品角度的定义

我国还有一部分学者如黄希庭、曹日昌等，在分析创造力和创造性的时候，将创造性的最终产品的特点作为定义的核心，这就是从产品角度对创造力进行定义的观点。此观点关注创造本身带来的产品，认为创造或创造活动是提供首创、新颖且具有社会意义的产物的活动。

## 二、关于创造力本质认识的研究视角

尽管众多的定义存在分歧，但人们普遍认为创造力的定义至少包括四种要素：①创造性个人，②创造性产品，③创造性过程，④创造性环境。除了由于研究方法或研究工具的差异所导致的研究侧重点的不同外，各时期的心理学家基本都是沿着这四种要素的路线开展创造力研究的。

### （一）创造性个人

对创造性个人的研究一直是创造力研究的主要内容。对创造主体进行研究，从而获得对创造力本质的认识，反过来再将研究成果应用于个人，这种逻辑是针对创造性个人研究的一种思路。对创造性主体进行研究，一般侧重于研究创造性主体的认知特征、人格特征，即通过深入研究创造性主体思维、个性特点，总结他们不同于普通人的特点、规律，并且挖掘其可培养性、可开发性。

关于创造性人才的思维特征，已经有很多相关的研究成果，在传统的关注发散思维研究不断深入的基础上，研究者也在不断探索思维方面所共有的其他属于创造性的特征。

人格特征从一开始就是研究者研究的一个主要方向，随着社会的发展进步，人格方面的问题越来越凸显，创造力研究领域研究者也在不断探索创造性个人的人格特征的规律性，近年来出现了许多关注创造性个人心理健康水平与其创造性发挥的关系的文章。

### （二）创造性产品

对创造性产品的研究也是研究创造力的一个视角。但是此类研究往往只是一个中间过程，大多是通过对创造性产品研究，挖掘创造者在进行创造活动时的思维特征，进而解释创造以及创造力的本质。对创造性的产品，更多的是给出一定的判断标准来判断其是否具有创造性。

另外，研究者往往根据创造性产品对创造进行分类，比较有名的是泰勒的创造五层次理论。他认为创造大致分为表露式的创造、技术性的创造、发明式的创造、革新式的创造和突发式的创造（Snyder，2004）。表露式的创造是指即兴而发的带有一定创意性的行为，技术性的创造是指运用一定的科学原理和思维技巧解决某些未曾碰到的问题，发明式的创造是指在已有事物基础上获得的前所未有的新事物，革新式的创造是指在否定旧事物和旧观念的基础上提出的新事物和新观念，突发式创造是指似乎是从无到有突发式地产生的新观念。研究者在研究创造力时往往需要自己界定创造性产品的类型，进而才能对创造性产品进行深层的研究，揭示本质的特点和规律。

### （三）创造性过程

除了对人和产品的关注外，对创造过程的研究，也是一个热门问题。对创造过程的研究通常围绕创造的思维过程展开，目前已取得大量的研究成果。

在众多研究成果中，创造过程的阶段论观点是一个重要突破。1926年，沃勒斯在其《思考的艺术》一书中大致将创造的过程分为准备期、酝酿期、豁朗期、验证期四个阶段，可谓是创造过程的经典模式。时至今日，阶段论的观点已被普遍接受，但研究者对创造过程的关键环节仍有很多争论，他们有倾向于顿悟和直觉的，有倾向于发散思维的，有倾向于双向思维特征组合的，因此关于创造过程的关键环节仍然没有比较一致的结论。

### （四）创造性环境

对创造环境的研究主要是围绕具有创造性成就的个体周围的环境开展的。其中创造性环境主要是指家庭、教育和社会三方面的要素，部分学者也从重要他人的角度进行了研究。目前的研究除了对影响要素进行提取和总结以外，还有一些研究试图揭示各个影响要素之间的关系，但是这方面的研究成果还不是很多。

产生创造性产品的过程包括创造性思维，这是一种认知层面上的。创造性个人不仅包括认知和智力层面，也包含环境层面。当前，随着认知心理学的发展，创造力研究取得重大进展，例如，对创造力认知层面的探讨逐渐深入，对创造性思维与认知过程、元认知技能的关系，以及创造力与原有认知结构、知识经验的关系等都有许多新的认识。而创造力的人格、社会发展层面进一步受到重视，尤其在认知风格、动机、社会网络等与创造力的关系方面有所突破。当前创造力研究中出现一种将创造力的认知、人格和社会层面统合起来理解创造力的倾向。

**笔者认为，创造力并不是某种智力品质或是某几种人格特征单独作用的结果，而应该是认知品质、人格特征和环境促进机制共同作用的结果。单独研究创造力的某一方面，可能只认识创造力的某一侧面，创造力研究必须整体把握创造过程所涉及的认知、人格、社会等多方面的规律。**

## 第二节　已有创造力研究的梳理

### 一、创造力研究的历史进程

人类的发展史是一部创造的历史。从古至今，人类都有着高度的创造热情，对创造力的探索也从未中断。1950 年，心理学家吉尔福特发表《创造力》一文后，创造力研究再次成为心理学研究的一个焦点问题。

### （一）国外创造力研究的发展

虽然早在 2000 多年前的古老中国，一代圣贤孔子的著作中就已经提到了关于创造和创新的理念，“苟日新，日日新，又日新”“不愤不启，不悱不发，举一隅不以三隅反，则不复也”。但是，系统的创造力研究资料的积累，主要出自西方文献。

#### 1. 19 世纪末期至 20 世纪中期——产生及初步发展期

1869 年高尔顿（Francis Galton）编著的《遗传的天才》一书的出版被人们认为是最早系统地开展创造力研究的标志。这是世界上最早的关于创造力心理学研究的科学文献，标志着用科学方法研究创造力的开始。高尔顿采用家谱调查法，对 977 名天才人物的智力特征进行深入研究，他的工作为日后的创造力研究奠定了基础。后来高尔顿还在 1883 年利用心理测量技术进行“人类能力调查”。

进入 20 世纪直到 20 世纪 20 年代中期，创造力的研究进入初步发展阶段，各个心理学流派开始关注创造力研究。20 世纪早期处于创造力研究的“人格”研究时期，该时期的创造力研究主要通过分析研究创造力的个性心理展开。主要的代表学派是精神分析学派，此派学者认为创造源于个体自身潜意识的作用，是防卫方式升华的结果（Kohanyi，2005b）。

此后随着心理测量学的发展，研究者认为先前的研究方法过于简单，结论也比较模糊笼统，所以开展创造力研究时开始重视实证，创造力研究进入“思维”论阶段。此阶段开始从认知的角度对创造力进行系统的研究，揭示创造的思维特征，研究创造过程中思维的过程。随着此时期创造力研究的不断发展，1945 年美国心理学会成立了专门从事创造力研究的分会。

此时期创造力研究最主要的特点是思辨研究多于实证研究，更多是站在哲学的高度对创造力的本质特征进行思考和探讨。研究方法主要是对已有文献进行系统的总结或是对人物传记进行分析。

**2. 20 世纪 50 年代——转折期**

在 20 世纪 50 年代，一系列的关键事件在创造力研究史上留下了浓墨重彩的几笔。因此 20 世纪 50 年代可以被称为创造力研究的转折期。

1950 年心理学家吉尔福特发表《创造力》一文，他强调对创造力的认识不能仅仅以智力结构的研究为代表，还要发展一些特定的研究领域去研究创造力的个性特点及社会特点（Sternberg，2005）。自此以后，创造力研究进入几何增长的快速发展时期。用 Psyinfo 数据库检索关于创造力的文章，1950 年有 16 篇，1959 年这个数字上升到 56 篇。因此，吉尔福特的《创造力》一文以及相关的演讲被认为是创造力研究新阶段的起点。

1957 年苏联的人造卫星发射成功，创造性研究的重要性更加深入人心，激烈的竞争促使美国加强了创造力的研究。

**3. 20 世纪中后期至今——蓬勃发展期**

自 20 世纪 50 年代创造力研究进入了蓬勃发展时期起，心理学家就一直进行创造力的研究，随着研究方法的不断丰富，研究手段和工具的不断完善，研究获得异常丰富的成果。两个关于创造力研究的期刊 *the Journal of Creative Behavior* 和 *Creativity Research Journal* 也分别于 1967 年和 1988 年发行。

此时期创造力研究的视野不断拓展，关于创造力认知特征的研究、创造性人才人格特征的研究、创造过程的研究，以及创造产品的研究等各个研究视角都取得了丰硕的研究成果。各种关于创造力研究的文章所涉及的领域也不断扩大，从认知到社会，从基础行为过程到进化的系统论视角都有涉及。心理学家和其他领域的研究者不仅仅关注创造力本质的研究，还关注创造力的系统结构，以及创造的过程等一系列问题。整体的研究更为关注创造力在实践中的意义。

随着研究的深入，越来越多的研究者认可创造力不是少数人的特质，而是大部分人都有的一种能力特征（Amabile，2001）。人本主义心理学家马斯洛认为“创造力是每个人的潜质”，我国著名教育家陶行知认为“处处是创造之地，天天是创造之时，人人是创造之人”，哈佛大学的阿马比尔（Amabile）教授认为：普通人的创造力与天才的创造力是一个连续体，任何具有正常认知能力的人都有可能在某个领域做出创造性成就，由此研究者开始关注创造力的培养问题。其实早在1950年吉尔福特的演讲中就已经提到“创造力需要更好的识别和培养，尤其是对孩子们”（Amabile，1983）。

在蓬勃发展时期，关于创造力培养和激发的问题逐渐成为研究的热点问题。在教育领域中研究者开始关注课堂上对创造性思维的训练、创造能力的培养。在企业发展中人们也开始关注创造、创新给企业带来的价值，还因此产生了以创造力为基础的创意产业和创意经济这些新的名词。对创造力的研究也衍生了一个新的学科——创造学。

该阶段的主要特点是百花齐放、百家争鸣，取得了丰富的研究成果，许多研究成果还推动了社会发展。创造力研究发展到今天，分支越来越多，研究领域越来越广泛，研究问题的深度也不断加深，但是关于创造力本质的讨论仍然没有得出一个一致的结论。

### （二）我国创造力研究的发展

我国近现代关于创造力研究的开展远远落后于西方，我国真正意义上的创造力研究始于20世纪70年代。总体而言，创造力研究经历了三个阶段。

#### 1. 初始阶段

20世纪70年代末，历经十年浩劫，心理学研究重新步入正轨，此时期我国学术界的创造活力也极为旺盛，但创造力研究主要是对西方关于创造力研究资料的翻译和整理，整体处于初始阶段。创造工程的引入，以及在学者中开展的一系列的研究，是此时期我国的创造力研究史上最具影响力的事件。

#### 2. 教育实践阶段

在大量引入国外先进研究资料的基础上，我国在20世纪80年代中后期开始创造力的开发和培训研究，此时期我们改进了许多西方的创造技法，并结合我国国情进行了创造力的开发与培训工作。

此阶段更关注创造的实践价值和意义、创造技法的普及、创造力的开发和训练，关于创造力理论方面的探讨和研究所受关注较少。

#### 3. 深入、全方位发展阶段

20 世纪 90 年代至今，创造力的研究进入崭新的发展阶段，无论是创造力的理论研究还是实践应用都得到长足的发展。

在这个阶段关于创造力本质的探讨、创造力认知领域的研究、创造性思维特征的研究、创造力社会行为的研究都进入我国心理学家的研究视野。研究者依据我国国情，利用国人作为研究被试，进行了一系列系统的实证研究，取得了丰富的研究成果。我国学者对创造力认知特征、创造过程的研究，以及对创造力思维特征和人格方面的研究不仅奠定了我国创造力研究的理论基础，也丰富了国际创造力研究的内容。

除了理论研究的长足发展之外，创造力研究在实践中的应用也十分引人注目。研究者不断探索创造性人才的识别、天才儿童的教育、创造力人才的测量等相关领域。

但是，与西方异曲同工的是，虽然我国创造力研究成果丰富，但是关于创造力本质、机制等问题的研究仍然是众口不一，没有定论。

## 二、创造力研究方法的发展

任何一个领域理论研究的进步都是以研究方法的发展为基础的，同时理论研究的进步也会反作用于研究方法的发展。同理，创造力研究的发展也是创造力研究方法不断丰富和发展的过程。

### （一）家谱调查和双生子比较研究

家谱调查法和双生子比较研究方法均为 19 世纪高尔顿首创，高尔顿是采用科学、系统的研究方法研究创造力的奠基人。

家谱调查法主要研究天赋条件对创造力的影响。高尔顿通过调查、分析各个领域的名人家族史，发现这些名人的亲属大多也是相应领域中具备一定相关能力的人，由此得出结论：遗传的力量在创造中起决定作用，天才来自遗传。这种结论无疑过于绝对，并且随着创造力研究的深入，其观点越发显现出其偏颇之处，但是时至今日这种研究方法对我们的研究仍具有启迪意义，因为家谱调查法实际上反映了对个体成长的影响。

双生子研究方法通过对比双胞胎在不同成长环境中取得的成就得出结论。这种研究方法后来被很多的研究者加以使用和发展。

### （二）历史计量取向的研究方法

1984 年，西蒙顿（Simonton）提出了历史计量取向的观点。这种方法一般以历史上的名人为研究对象，通过相关的史料研究这些历史名人成为创造性人才的原因，并进一步以系统规范的统计方法分析这些材料，是一种个案研究与历史调查相结合的方法。

这种方法早期主要是通过分析名人传记、流传在世的信件、个人资料等获取研究所需信息，并进一步分析获得研究成果。后来引入质性研究方法中的访谈法，通过对有特别贡献的创造者的访谈加以分析确定研究者想了解的东西。近些年随着基于扎根理论为基础的质性访谈方法的不断发展，通过访谈法研究创造力的方法也被研究者广为采用，成为创造力研究的主流研究方法之一。

### （三）心理测验法

心理测验法是通过心理测验对个体的创造力进行测量的方法，是在认知层面上研究创造力的一个主要取向。测验的可靠性、易实施性等特点都使此法在创造力的相关研究中发挥着不可替代的作用。通过心理测验法可以研究创造力的各个方面，可以了解创造力的实质、分析创造的过程、获得创造性思维的特征，等等。

心理测验法研究创造力的理论基础是吉尔福特等人的智力结构理论，心理测验法通常将发散思维作为创造力的核心，研究者通过测验思维的独创性、流畅性和灵活性对创造力加以研究。在此基础上，还产生了许多广为人知的用于测量创造力的测验，如吉尔福特的发散性思维测验、托兰斯的创造思维测验等，直到今天心理测验法仍是研究者开展研究的基础。

### （四）实验研究

实验研究一般是通过设置一定的问题情境，控制和改变一些条件，并记录其对应现象，从而获得创造力评价。这种通过设计严密的实验对创造力进行分析的方法是对创造力进行实证研究的主要视角，此方法广泛应用于研究开发和培训创造力的过程。

### （五）生物统计技术和计算机模拟技术

生物统计技术研究的是大脑机能和认知功能特殊类型之间的关系。通过对大脑活动特定区域的研究，获得更多关于创造力的认识（Feist，1993）。随着新技术的产生和应用，越来越多的人开始涉足脑认知研究领域，这种技术在创造性研究中的应用将会更加广泛。

关于创造性的生理激活，前人做过创造性个体皮肤电、心率、EEG 等方面的研究。近年来有研究者从脑机制方面进行实验研究，首次发现在完成发散思维任务时，高创造性被试（创造性测验得分高者）两侧额叶都被激活，而低创造性被试则只有单侧激活（Eliaz，2004）。由此来看，创造性的确有其特定的生理激活特点。

近年来随着计算机技术的迅猛发展，基于计算机技术的人工智能试图通过计算机技术研究设计出计算机编码来模拟获得对创造性产品产生过程的研究数据和结果。另外还可以利用计算机模拟技术对有创造性能力和缺乏创造性能力人的思维过程进行计算机模拟，从而有可能对所模拟的真正的创造思维过程进行评价。神经科学为研究创造性思维中的认知过程提供了强有力的方法（Benedek，2019）。在过去的 20 年里，许多学者加入了这项研究，以揭示创造力如何在大脑中产生。

## 三、创造力研究领域四种研究取向和有关研究的新趋势

多层面、全方位地开展创造力研究的取向主要有四种：创造力活动认知过程的研究、创造性个体的典型特征即人格方面的研究、个体毕生创造性发展和显现的特征研究——这也可看作创造过程的研究，以及与创造活动相关的社会环境的研究。

### （一）创造力活动认知过程的研究

创造力和智力之间关系的研究目前已经得到初步统一的结论，一系列的研究证明智力是创造力的基础，具有创造力的人智力水平至少要中等偏上，但这并不意味着智力越高创造性水平就越高，智力门槛理论认为智商在 120 的范围内，智商与创造力有一定的相关性，但是如果智商超过 120，两者的相关性就很低了（Amabile，1983）。

在创造性思维特征的研究方面，从吉尔福特开始就侧重对发散思维的研究，吉尔福特认为发散思维是创造性思维的核心，并且将思维的流畅性、灵活性和新颖性作为发散思维的三个基本特征，并由此产生了很多经典的创造性思维的测验，如吉尔福特创造测验、托兰斯创造力测验等（Gardner，1988）。目前许多针对创造性思维测量的研究仍然以发散思维的几个特征的测量为主要手段。随着研究的深入，更多的心理学家（如彭聃龄、金盛华）开始认为创造性思维是多种思维的综合表现。它既是发散思维和辐合思维的结合，也是直觉思维与分析思维的结合。总而言之，创造思维主要有以下特点：敏感性、独立性、联动性、多向性、综合性和活化知识，另外还有创见性、突破性、求新、求异性、非常规、完美性、发散思维和集中思维的统一，逻辑思维和非逻辑思维的巧妙结合，跨越性、立体性，等等。

想象和抽象思维在最近的研究中也有涉及。抽象思维在创造性思维中的作用一直为众多学者所关注。沃德（Ward，2004）比较了创造性想法产生过程中具体思维和抽象思维的作用，通过三个实验验证了创造性想法的产生过程中抽象思维对新奇的创造性想法产生的作用更为重大。另外一项

研究还表明，长远的、立足未来的观点促进抽象思维的同时阻碍具体思维。霍夫（Hoff，2005）开展了一项针对高年级小学生的研究，此项研究探讨了假想同伴、创造性和自我映象三者之间的关系，结果显示有假想同伴的孩子创造性更强，这种假想同伴对创造性的培养有积极的作用。

关于直觉、灵感和顿悟，无论是传统的理论观点还是现代的研究，对它们在创造过程的某些阶段所发挥的重要作用，均有学者持肯定态度。创造很多时候得以实现就是源于灵感的出现、顿悟的产生，创造的本质是一种长期紧张状态之后的松弛状态，这种状态就是灵感、顿悟或是直觉。吉尔福特在1970年提到创造性思维的主要特点就是丰富的想象力、敏锐的直觉，以及对抽象思维的偏好。米哈伊·奇凯岑特米哈伊（2001）提到的涌流的概念也可以理解为是一种顿悟或是灵感。韦林（Welling，2005）提出关于直觉的五阶段模型，他认为直觉有认知功能基础，是一个发现认知的模式。直觉不是一种简单的现象，有不同的阶段过程，早期知识积累会整合到直觉的产生过程中。值得注意的是，研究者对直觉、灵感和顿悟的发生原理、产生机制一直没有统一的定论。

关于创造性思维的过程研究，主要的研究范式就是聚焦于问题解决过程的研究。一般是让被试完成一定的具有创造性的任务，设定一些问题解决情境，观察被试解决问题的过程，从而得到相应的研究结果。格兰特（Grant，2004）做了一项研究，他将被试分为两组，其中一组在观察对象的同时画下被观察者的新颖性特征，另一组仅仅进行观察，结果证明当第一组被试有意识地进行思维过程的时候，更容易发现特别的地方，更能创造性地解决问题。另一项针对190名大学生的研究显示，在运用创造性思维解决问题的过程中启发式的概念连接可以有效促使被试在解决问题的过程中获得更好的表现（Gayle，2004）。这种概念连接通常有两种方式：通过特色研究和绘制类似的图进行启发；通过整合和装饰基于案例的模型进行启发。另外斯腾博格的观点认为，新的观念的产生过程是一个选择性组合过程。无论是新奇的方法还是有创意的点子，其产生过程都是把旧的知识带入新的情境中，以一定的选择方式将其与新的事物重新组合起来（Sternberg，1996）。

选择的过程就是剔除原有信息中无关的内容，选择并建立新信息的过程。这个过程也可认为是一个类推过程，类推与创造力的关系一直为人们所认可。斯皮尔曼曾明确提出类推是创造力的一个解释原则，他认为创造力就是从一个对象迁移到另一对象的各种联系能力（Simonton，2003）。类推在文学创作领域也有巨大的作用，文学创作一直被认为是社会生活的缩影，正是对社会生活的一个个类推和迁移才有了一部部富有创造性的巨著。

在创造性思维过程的研究中，研究者还经常研究另一种过程——洞察力的作用过程。盖尔（Gayle T Dow，2004）运用聚类分析的方法，将洞察力问题分为四种类型：口头的、数学的、空间的，以及口头和空间相结合的。并且，初步研究认为每一种类型的洞察力问题在解决过程中需要不同的技能。梅丽莎（Melissa A Schilling，2005）在她的研究中还证明了洞察力的过程是一个分阶段过程：最初洞察力的发生源于一个偶然的机会，推进是一个随机的再组合和定向的研究过程，最终呈现的结果只是为了更好地帮助表现个体的创造过程。

### （二）创造力人格方面的研究

#### 1. 创造性人才的行为特征

创造性人才人格特质、行为特征的研究一直是创造力研究的一个主要取向。从20世纪初创造力的研究开始被关注以来，创造性人才人格方面的研究一直没有中断。一直以来关于创造性人才人格和个性心理特征的研究不断深入，特征结构也不断地被证明或修正。

表1-1列举一些研究者对创造性人才人格特征研究的观点。

**表1-1　创造性人才人格特征的以往研究结果**

| 研究结果 | 研究者等 |
| --- | --- |
| 不喜欢和人打交道，喜欢孤独 | 汤川秀树的理论，物理学家诺贝尔对自己的评价 |

续表

| 研究结果 | 研究者等 |
| --- | --- |
| 富于幻想，坚持不懈，独立思考 | 《人的思维与创造》一书列举了巴尔扎克和我国作家丛维熙的观点，说明文学艺术家应该具备的才能特征和个性特质 |
| 腼腆，敏感，真诚，沉思，孤独，看重友谊 | 纳撒尼尔·赫什的观点 |
| 利他主义，精力旺盛，刻苦勤勉，百折不挠，自我肯定，多才多艺；反对过分强调传统，且有不拘陈规的思想，认为创造和逆反对立；敏感的感受性和独立自主；异性气息强 | 托兰斯的观点 |
| 独立，自信，一问多解，对事业的信心 | 泰勒的观点 |
| 坚毅，一丝不苟，独立性强，献身精神，不迷信权威，好奇，富有幽默感，不怕失败，有预见力 | 《人的思维与创造》一书通过一些名人的例子，列举了生活中的个性特征 |
| 强烈的求知欲和事业心，认知的辩证性，个性的独立性，不怕犯错，不善于交际，不寻常的价值观，探险精神，强烈的自信心，情绪稳定，聪慧，勤奋，果断，顽强，遭受挫折后会更加努力 | 《人的思维与创造》一书中的观点 |
| ·创造性个体有充足的能量，但又时常很安静，能够高强度地工作数小时，却又看重休息、思考与恢复的时间<br>·创造性的个体十分聪明，也很天真，能以新的眼光看待周围世界<br>·创造性个体好玩而又自律，能在想象、幻想与对现实的感觉间灵活转换，正是这种平衡使他们的反应既新颖又恰当<br>·创造性个体在需要时既能表现内向，又能表现外向 | 米哈伊的观点 |

续表

| 研究结果 | 研究者等 |
| --- | --- |
| ·高创造性个体既谦逊，又对自身充满自豪感<br>·创造性个体似乎很少受性别定型的影响，既能表现出男性人格，也能表现出女性人格<br>·创造性个体典型地表现出反叛与独立，然而不内化于某一现有领域，就不可能成为杰出的创造者。所以创造人物既传统又反叛<br>·创造性个体既对自身工作充满热情，又能在判断时保持客观性<br>·创造性个体因其心态开放，能体验到与其创造活动有关联的痛苦与快乐 | 米哈伊的观点 |
| 高度的自觉性和独立性，不肯雷同；旺盛的求知欲；强烈的好奇心；对事物运动的机制有探究精神；知识面广，善于观察；工作中讲求条理性、准确性和严格性；丰富的想象力，敏锐直觉，喜好抽象思维，对智力活动与游戏有广泛兴趣；富有幽默感，表现出卓越的文艺天赋；意志品质出众，能排斥外界干扰，长时间专注于某个感兴趣的问题 | 吉尔福特的观点 |
| ·持久性，智力的游戏性，有幽默感，独立，自信心强<br>·对美的理论了解和认知，易自我满足，内向，注重思想观念超过注重人，对社会活动不感兴趣 | 克尼洛的观点 |
| ·仁慈特征有助于创造业绩<br>·理智的好奇和理智的诚实，承认过程和结果的关联，客观性、批判性和开放性倾向，确信事物间不寻常的因果关系，安排的有序性、适应性和灵活性 | A A Malinoucsky 的观点 |
| ·好奇心是一种基本的动机，可以使生产和创造更为容易。没有好奇心，在追求成功、成就和创造的过程中就会动力不足<br>·好奇心的自我调整系统对解释个性特点、生活经历以及创造相关技能的发展和创造性结果产生的联系是非常重要的 | 托德（Todd B Kashdan）和弗兰克（Frank D Fincham）的观点 |

续表

| 研究结果 | 研究者等 |
| --- | --- |
| 有冒险性，自我胜任感强，有自信心，随机应变能力强，兴奋性较弱 | 卡罗尔和霍海森的观点 |
| 对创造充满渴望和憧憬；受束缚少，敢想敢说敢做，不被权威、名人吓退；创新意识强，敢于标新立异，思维活跃 | 王极盛的观点 |
| 对特殊领域长时间注意，对特殊领域的概念、方法和术语有超人的理解力，将特殊领域的概念运用到其他学科活动的能力强，甘愿付出大量的时间和努力，具有特殊成就领域的竞争性和做出成就的动机，学习能力强 | 《创造心理学》一书中对成就型天才性格特征的概括 |
| 爱提问题，喜欢独特的做事方式；喜欢独自工作；手边有什么都要尝试；活跃的想象力；多途径思考；新颖观念；毫无限制地表达不一致的意见；冒险、幽默，对美的敏感性；不随和，对细节缺乏兴趣；缺乏对社会的可接受性 | 《创造心理学》一书中的观点 |
| ·勤奋，灵活，自信，谦逊，能自我批评<br>·愿意冒合理的风险，愿意成长，对暧昧不明的容忍度高，愿意接受新经验、对自己饱含信心 | 梅肯诺的观点 |
| 高创造力的人具备了一些创造性特质，包括智力、努力工作、热爱新奇事物、自信 | Martinadale 的观点 |
| 决心对取得创造性成就具有重要意义 | 斯腾伯格（Robert J Sternberg）的观点 |
| ·积极反馈机制，启发式任务有助于创造性行为<br>·监督者如果监督过于密切，合作者就不能发挥创造性，那么就会阻碍创造性行为 | 珍妮弗·乔治（Jennifer M George）和周静的观点 |
| 独立判断能力强，自信，喜欢关注复杂事物，自我实现，坦白，勇气，自由，激发，自我接受，等等 | 斯腾伯格（Robert J Sternberg）和卢伯特（Todd I Lubart）的观点 |

续表

| 研究结果 | 研究者等 |
| --- | --- |
| 个性原始，见解复杂，观点独立，经验开放 | 麦克雷（McCrae）和科斯塔（Costa）的观点 |
| 不受习惯势力的约束；聪明，善于发明，敢于反思和思想开放；艺术敏感度高，宽泛的兴趣，独立的判断和模糊的忍让 | 罗伯特（Robert R）和麦克雷（McCrae）的观点 |

通过以上整合，我们可以发现在创造性人才的人格特征问题上，以往研究中共有 108 个描述人的人格特征的形容词进入过不同研究者的研究，我们在此基础上设计了创造性人才人格特征自评词表问卷（见第 110 页）。

**2. 创造性人才情绪状态，动机水平与创造**

情绪是一个人的心理状态的外在表现，情绪会伴随个体心理活动的不同发生变化，因此情绪的状态会影响一个人的行为和表现。近几年，研究者开始关注创造力和情绪状态的关系问题。

考夫曼等（Kaufman，et al.，2004）进行了一项对大学生被试的探索性研究，研究显示，权威接受性、自信、好奇、知晓性、受过训练的想象能力五个方面和情绪状态的紧张/焦虑、沮丧、敌意、精力/活力、疲惫/惯性、混乱/困惑六个维度，都与创造性有显著相关。

卡琳等（Karen，et al.，2004）在研究情绪状态和思维过程的关系时发现，情绪状态并不影响人们的工作记忆和应答的思维加工过程，不同的情绪状态影响人使用新奇信息的愿望，从而影响创造性行为的发生。

不同的情绪状态对创造性行为的具体影响的研究结果并不一致。一些研究结果表明积极的情绪状态对创造性行为的产生有积极的促进作用。塞拉等（Sheila，et al.，2004）在对四个创造性发明者和两个对照者进行访谈的对比研究中发现，在回忆创造的过程时，创造性发明者更多提及和强调的是快乐、享受的体验和感觉。但是乔治等（George，et al.，2002）的研究指出当被试察觉到对创造性行为的认知和奖励时，消极情绪反而会促进创造性行为的产生，而积极情绪不会引发创造性行为。格林伯格等（Greenberg，et al.，2005）的研究也给出了相似的结论，即认为经常失败会引发创造性行为中的内疚感，这时如果给予积极的鼓励，有助于创造性行为的发生。

### 3. 创造性人才的心理健康水平研究

无论是关于创造性人才人格特征的传统研究还是人们的普遍认知，都认为高创造成就的人才有较高的自信心。强烈的自信心、高度的自我评价、高涨的自我胜任感是人们对创造性人才的一个通常印象。但是考夫曼（Kaufman，2002a）在总结前人研究的基础上列举了自己的研究结果，他认为高自信的人不见得高成就，高成就的人往往低自信、沮丧；高成就人的心理健康水平往往比较低。考夫曼（Kaufman，2002b）还在针对诗人的一项研究中表明诗人尤其是女诗人更容易患上精神疾病。

另外一个研究创造力的心理学家韦斯伯格（Weisberg，2004）也对心理健康状态与创造性成就的关系进行了研究。1996 年他提出轻度躁狂的个体更具有创造性，2004 年他进一步指出精神失常的人，其创造性思维往往更好。他认为消极的感性体验有助于创造性活动的材料积累。

其他的研究也表明高创造性成就的人往往都有一定的间歇性的情绪失常症状，尤其是两极化情绪，而且这种现象在艺术家领域更为明显。

## （三）创造过程的研究

对创造过程的研究结论一般通过两种方式获得：一种是对高创造性成就的人才进行自我体验分析；另一种是通过档案研究法追踪创造性人才的创造性产品或是自传，进行个体差异比较分析。

最为著名的创造过程观点是华莱士（G Wallas，1926）在《思考的艺术》一书中提出的创造过程“四阶段”理论。他将创造活动的过程分为准备阶段、酝酿阶段、明朗阶段和验证阶段。

其他很多学者也根据不同的研究视角和方法，提出了自己的观点，但是基本上遵循了阶段论观点，只是由于研究对象的不同，或是研究被试的不同，局部的阶段有所改动、添加或是删除。具体如下所述。

赫尔姆霍滋—彭加勒的自我体验基础上的 H—P 模式：最初持续不断的研究，直到研究进入瓶颈期；休息恢复阶段；灵感突然迸发；再次努力阶段。数学家阿达玛根据自我体验，以及收集典型科学家的自陈资料提出了创造过程的四阶段：准备阶段、酝酿阶段、顿悟阶段、有意识的用语言和符号把结果表达出来的阶段。吉尔福特从思维的角度提出创造的过程是收敛思维、发散思维、收敛思维三阶段论。帕内斯从培训角度将创造的过程分为五个阶段：寻求事实、寻求问题、寻求想法、寻求解法、寻求实现。有研究者以作家为研究对象提出了艺术创造的三阶段：准备阶段、构思阶段（最富有创造性的关键阶段）、把计划变成作品。还有研究者以问题导向提出创造的四个阶段：提出问题、分析问题、提出假设、检验假设。

近几年，在传统档案研究法的基础上，研究者开始通过访谈法、实验法等多种方法结合进行创造过程的研究。横川昭子（Sawako Yokochi，2005）利用访谈、实验相结合的方法研究了被试画中国画的创造过程。让被试画 16 幅作品，其中 8 幅先前纸上已有一些随机线条，另外 8 幅是白纸。发现被试画画的过程是一个从局部到整体的渐进过程，创作时有一个在空间尝试作画的过程，原有的线条会抑制被试的创造性。

在对创造过程的微观阶段进行研究的过程中，伊莱扎（Eliaz，2004）还提出创造过程中存在一个孵蛋效应现象。所谓孵蛋效应就是指解决问题的过程中先前可能没有思绪，但是过了一段时间，在一定情境之下自发地就想到了解决方法的现象。这个现象通常发生在明朗阶段，和我们通常理解的灵感的产生有一定的相似性，是创造过程突破瓶颈的关键阶段。

### （四）创造力发展机制（社会环境）的研究

如今越来越多的研究者认为人人都有创造力，创造力对个体来说没有质的差别，只有程度差异，那为什么有的个体做出了创造性成就，而有的个体却碌碌无为，没能取得创造性的突破呢？这就是另外一个创造力研究领域关注的问题：研究创造力发展的机制，即研究影响创造力实现的因素。通过考察影响创造力发挥和实现的内外部因素，总结创造力得以发挥的关键要素。

1. 创造的关键期

对什么年龄阶段是取得创造性成就的最佳时期，各项研究并没有统一的定论。有的研究成果指出 25～40 岁是创造的最佳年龄，有的指出25～29岁是完成重大发明创造的时期，有的指出青年晚期、中年早期即40 岁左右达到创造高峰。西蒙顿（Simonton，1989）还提出了取得创造性成就的一个绝笔现象，即在晚年，人的创造力可能会苏醒。他以 172 位已故的作曲家的末期作品为研究对象，结果发现创造者的作品在去世前的最后五年明显增加，他把这个现象称为绝笔现象。

但是对取得创造性成就的时期有一个比较一致的观点，就是“十年准则”，即一个人必须花费十年的时间努力吸收、消化所学的知识与取得的智慧，才能创造出独一无二的、为整个领域所认可的创造性产品。这个十年准则强调的是积累对创造性成就的取得、创造性人才成长的重大作用。张景焕（2005）对科学创造性人才进行了研究，指出科学创造性人才的成长要经历五个阶段：自我探索期、才华展露与专业定向期、集中训练期、创造期和创造后期，并着重强调集中训练期对创造性成就取得的重要作用，而集中训练期本质上就是十年准则强调的知识积累和储备阶段。

2. 影响创造性的关键他人

个体在成长的过程中要和许多人发生交互关系，在交往的众多对象当中，父母和领域引导者被证明是影响孩子创造性的两大类关键他人。

父母对孩子成长的影响是方方面面的，现代社会越来越意识到父母对个体成长的影响和作用，在创造力研究领域研究者对父母在孩子创造性培养和发挥中的作用进行了众多研究。

米哈伊（2001）在 1990—1995 年对数十位在各个领域具有高创造性成就的人才进行了访谈，在其后发表的成果中就提及了父母对孩子早年生活及其日后成就的重大影响。他的研究结果表明具有高创造性成就的人才的家庭大多采用平等对待孩子、尊重孩子、鼓励孩子为主的教育方式。我国学者陈会昌及其博士生谷传华研究了我国近现代社会创造性人物的早期家庭环境和父母教养方式，结果表明“权威家庭”对孩子创造性的发展更为有利（谷传华，2004）。同时格罗里尼克和温迪（Grolinick and Wendy S，2002）的研究表明母亲的控制性强，孩子的创造性就会减弱。马克·兰克等（Mark A Runco ，et al.，2005）的一项关于天才儿童追踪研究的结果表明：父母的个性和孩子的个性有非常显著的一致性，也就是说父母的个性和创造性会影响到孩子的个性形成和创造力水平。

除了父母，还有一个关键他人在创造性研究领域中多次被证明对创造性人才的成长有重要作用，这就是“导师”。在大学或是研究生阶段的导师是许多创造性人才最终取得成功的重要他人。1981 年获得诺贝尔化学奖的日本科学家福井谦一在他的自传体著作《学问的创造》中提及其大学导师的一句话：“喜欢数学的来学化学吧”，他直言正是这句话引导他步入了深入学习和研究化学的殿堂。

综上所述，米哈伊还提出另外一个重要的关键他人，即业内人才，或者叫作学门、守门人，他们是各个领域的评判者。只有被这些学门赏识，创造者自身及其成就才有可能被这个领域所认可，进而激发创造者取得进一步的成就。

### 3. 影响创造力发挥的环境要素

创造力研究发展 100 多年以来，研究的内容经历了一个从单一向多元发展的过程。从 20 世纪 80 年代开始，人们的关注点便不仅仅局限于对创造性思维认知特点、创造性人才人格特点的研究，人们开始认识到创造性成就不仅仅依赖天赋、个体的努力程度、内在的动机或是其他人格特质，社会环境各个要素对创造性成就产生的影响逐渐受到人们的重视。于是研究者开始运用系统的观点，研究环境对创造力发挥的影响作用。

阿马比尔（Amabile，1994）用著名小说家的工作说明，即使没有天赋，在创造性工作中也是可以有突出贡献的。创造性成就不仅仅依赖天赋，还要考虑工作的努力程度、内在的动机以及社会环境。西蒙顿（Simonton，1991）

提出创造是在个体与情境的交互作用下产生的，文化、战争、社会角色等都有可能成为影响创造的因素。霍华德·格鲁伯（Howard E Gruber，2001）提出个体是在一个相互运动的系统环境中，一个人的家庭环境、相关的专业环境和所在的社会文化政治环境都会对个体的创造性产生影响。

洪兰（1999）提出：一个鼓励和看重创造力的环境，对创造力的发展必然有利；但一个完全支持、无须抗争的环境，却未必是创造力发展的最佳环境。最佳的发展环境应当是一个整体不错的支持环境，而其中又带点挫折与障碍的环境。

阿黛尔·科哈尼（Adele Kohanyi，2005b）提出的创造力发展的生态系统模型，将创造性个体的生存空间划分成以下四种系统：①微系统，学习者直接互动的对象；②中系统，学习者的父母与学习者互动的对象；③外系统，学习者父母的互动对象；④巨系统，整个社会的大环境。这种划分观点认为生态系统间的交互影响，可以对创造力的培养起到积极的促进作用。以下我们将综合相关文献，从创造力发展的生态系统模型这几个维度，看看每个系统中的环境要素对创造力产生了怎样的影响。

（1）社会环境

很多有关创造力的著作均提及社会生产力状况、社会分工环境、社会需求状况、社会经济发展水平、政治环境等要素对创造性人才产生的影响。毫无疑问的是大环境的整个氛围确实可能成为推动创造的催化剂，在某些特定的历史时期，创造性人才的诞生、创造性成就的取得确实会多于其他时期，比如说文艺复兴时期就诞生了许多可以称得上创造性人才的杰出人士，这和当时的政治、文化环境有很大关系。工业革命时代也诞生了许多创举性的发明创造，这也和当时的生产力发展是密不可分的。

近年来，学者们开始研究文化对创造性的影响，研究结果证明文化手段的便利、文化的开放、各种文化的交融，都有利于创造性的产生和发展。

（2）团体环境

创造性人才成长的过程中，教育环境会对创造力产生影响。这种影响来自四个方面：同伴的言行、老师的言行、整体教学气氛、学校整体环境。教师和同伴的引导、鼓励，开放的学习环境都能够有效地促进学生的才华崭露、专业定向。

创造性人才取得创造性成就过程中，群体的环境和氛围也会对其产生一定的影响。但是影响程度和影响方向都会根据被试样本和研究取向的不同而发生变化。有研究表明高创造力的个体往往难于融入群体，创造性的人在群体中经常感觉被攻击，创造性工作大多数都是被排斥过的。虽然创造力经常是一个人的交互系统，但只有在相互理解的群体中、在特定的时期，创造力成果才能得到认可。在研究企业团体氛围和员工创造力的关系时，领导的重视、良好的民主气氛、同事之间的相互合作被证明有助于创造力的发挥。并且有研究证明：对一个有挑战性的、有创造性要求的任务而言，适当的奖励对创造力可以产生积极的影响（Eisenberger，1994）。

（3）个体环境

个体环境是指与个人的成长、生活发生关系的一些微观环境要素，通常包含家庭、个人交往、个人成长经历等环境要素。

在个体环境中，最令人关注的就是家庭环境对创造性人才成长的作用。创造性产品的产生是一个积累的过程，不少研究证明创造过程与家庭背景、家庭结构、家庭目标、家庭典型特征、家庭压力环境等方面都有一定的相关性。阿黛尔·科哈尼（Adele Kohanyi，2005a）通过研究有创造性成就的作家，得出以下结论：体验过适当压力的孩子日后成为创造性作家的可能性更大。压力可以促使孩子坚强，因此在家庭中设置有强的表达能力和不寻常的生活想象能力的要求，培养孩子在压力下成长是有一定积极作用的。谷传华等（2003）在研究中国近现代已故的30位社会创造性人物时发现，这些人物处于这样一个家庭环境中：重视价值观和人际关系、强调家庭的秩序性和活跃性，同时也注意培养成员的成就动机和独立性。

个体的出生顺序和人的创造力也有一定关系。研究证明当兄弟姐妹的年龄较为接近时，年龄最大的孩子更容易取得较高成就，显示出更好的创造力。最先出生的孩子往往更多地获得有名望的职业，实际上读书的时间也最长（Grolinick，2002）。

另外有研究表明早期的生活环境对创造潜能的启发也有一定作用。相关研究指出幼年有过创伤经历的人日后往往更容易取得成就，艺术领域的创造者往往比科学领域的创造者有更为不幸的经历。另外，米哈伊研究了90位杰出人物后发现：幼年失去父亲的比例相对比失去母亲或是其他亲人的创伤要大。但是这些体验如何对这些人士日后的成就产生影响，研究者尚未进行特别深入的研究。

个体经历事件的多少，专业的广博与精深程度也都和创造力有一定的关系。一个人的经历越丰富，在职业发展中就越有可能取得好的成就。这种经历可以是任何社会活动的体验，甚至是创伤，通常我们将之统称为阅历，丰富的阅历和人生体验有助于创造的发挥。

另外个体的知识结构和专业背景也都和创造力相关。研究表明，精通两种专业的人往往较富有创造力。

### （五）创造力研究的其他视角

#### 1. 阿马比尔（Amabile）的脉络观点

美国哈佛大学的社会心理学家阿马比尔认为创造力是人格特质、认知能力和社会环境的综合。从最早的《创造力社会心理学》到后来的一系列研究，阿马比尔关于创造力的研究成果显著。他指出创造力的形成受三种核心要素的影响，分别是领域相关技能、创造力相关技能、工作动机。个人创造力必须是由领域相关技能、创造力相关技能和工作动机三要素交互作用而产生的。

其中“领域相关技能”是在任何一个领域取得成就的基础，这个要素包括领域相关的知识、技术技巧、特殊领域相关的天分，它属于最基本的层次，对任何内容领域都可能产生影响。“创造力相关技能”是指某一领域内共有的所有基本技能，而不仅仅归属于某一特定的任务职能。“工作动机”是最特殊的层次，它是一个动态变化要素，会随特定的任务变化，因为处在不同时间而有所差异。

三大要素在创造的过程中有着不同的作用。首先“创造力相关技能”

扮演最基本的角色，主要表现在对信息的搜索及反应方面，它在任何领域中均可起作用。而“领域相关技能”则具有调节作用，最终构成创造的基本状态。创造的表现或结果则受到创造者“工作动机”的影响。

### 2. 西蒙顿（Simonton）个体与情境交互作用的观点

西蒙顿（2003）提出了“特殊个人影响”关系理论，该观点强调环境会影响个人与他人的行为，而创造是在个体与情境交互作用下产生的。“特殊个人影响”关系理论所包含的要素有个人、他人及环境，当中所强调的关系是个人的行为与他人对此行为的归因所产生的互动，他们之间的影响涉及纵向和横向的全方位影响。

西蒙顿在强制随机理论中还提出，科学家的创造过程受到许多因素的影响，他认为学科、导师、学校、开始接触这一领域的年龄、发表产品的生命周期、标志性成果出现的年龄和做出杰出成就的年龄等都会影响这一随机过程。

西蒙顿还应用进化论的观点解释了创造，他认为创造是进化过程中基因重组和产生变异的过程，这种观点被称为“达尔文”观点。这个理论强调创造源的重组和变异，认为利用智力可以获得各种知识和想法，但是如果这些知识不能有效地重新组合、联结，将无法产生创造。

### 3. 米哈伊的系统观点

1990—1995 年，米哈伊以对 90 位在艺术、人文、自然科学以及商业和政治领域做出创造性贡献的创造性人才的访谈研究为基础，结合先前一系列的研究，提出创造力是个人、学门及领域三大要素互动的过程。

“个体”要素包含人格特质以及相关背景因素。米哈伊指出创造性人物的人格特质会因领域和时间不同而有所调整。

“学门”要素代表的是新想法、新观念经过筛选被认可的机制。在这个定义中，米哈伊提出“守门人”的概念，“守门人”实际上是“学门”这个范畴的执行者，是一些有地位、有权威的人物。例如在学术研究领域，期刊的编辑委员会成员或是各个层面的学术委员会委员就是守门人；而在艺术或文学创作领域，该作品的受众往往就是守门人。

关于“领域”要素，米哈伊认为所有原创性的想法、观念都不是凭空产生的，所有新生事物都是新旧事物互相对照而产生的，因此新生事物都需要在一定的领域中，具有一定领域的知识作为基础。归属于某个领域是创造力必要的成分要素，若无领域的存在，知识则无法进一步转变，也就更不可能产生创造性观念。并且只有当新事物的出现被学门中的一些守门人认可，才有可能适应生存，从而成为新颖且具有价值的创见。

**4. 斯腾伯格（Sternberg）等的投资观点**

1995 年斯腾伯格和卢伯特提出创造力投资理论，该理论认为创造力是一种多维结构，由六种因素构成：智力过程、知识、智力风格、人格、动机和环境线索，创造性是这六种因素以各种方式聚合的结果。这些因素可以“买低”“卖高”，创造出有创意的作品。“买低”是主动追求别人尚未知道的想法或是别人已经舍弃的但是却有成长潜力的想法；“卖高”是指一个想法或产品因时事的变化而变得有价值时就放掉，重新进行新的创造的一种逆向操作方式。

斯腾伯格等人依据创造力投资理论提出了发展创造性潜能的 12 种策略，包括鼓励假设性的质问、允许含糊和不明确、容许犯错、鼓励他人对问题进行定义或重新定义、对创造性的想法和产品进行奖励，等等。

**5. 加纳（Gardner）的互动观点**

加纳倡导多元智力理论，向传统的智力理论挑战，进而影响整个心理界及教育界。如同多元智力的观点，他还提出了多元创造力的观点，这些观点是超越个体智慧观点的，也就是说，他除了对个体进行探求之外，还重视社会文化对个体的影响。他认为创造过程有四个层次：第一个层次是遗传及生物因子，第二个层次是人类智力发展，第三个层次是知识领域的发展，第四个层次是互动领域之社会脉络。由此可见，他对创造力的看法是分层的，是由小至大、由内至外、由个人至社会的。

加纳认为创造力并非灵光乍现，而是有脉络可寻。他认为影响创造性人物的要素主要有三个，它们形成了三角互动关系：①创作者的孩提时代与大师之间的关系。他认为大师的创造力根植于大师的孩提时代；②创作者与其他个体之间的关系。这些其他个体包括与创作者关系亲密的人（如家庭成员、朋友），还有与创作者教育背景相关的人（如良师、益友），或是与其日后的事业生涯有关的人（如同事、竞争对手或是追随者），这些人在创作者的发展过程中扮演着重要角色；③创作者与所从事工作之间的关系。创作者从受训练的领域中汲取并运用相关的知识系统，一定阶段之后开始质疑、审视该系统，最终进入创新领域，摆脱束缚。

**6. 罗格（Rogers）的关于创造力的环境理论**

著名人本主义学家罗格也提到过环境在创造力培养过程中的重要性。他的主要观点最早是从心理咨询领域的各个案例总结出来的，他认为良好的外部环境对孩子内在的心理成长有利。良好的外部环境主要影响孩子的三个内在心理要素，分别是开放性、内部评价点和要素，以及概念的处理能力。因此他强调父母抚养孩子的时候，给孩子提供更为安全的心理条件和更为自由的心理空间有助于孩子创造潜能的充分发展。

**7. 埃里克森（Ericsson）的天才培养观点**

埃里克森通过研究也提出自己对创造力的看法，他认为创造力是源于普通认知过程的一种脑力活动，创造力主要是培养出来的而非与生俱来的才能。埃里克森还通过研究提出自己关于天才的看法，天才儿童在自己具有天赋的领域有很强的成就动机和坚持性，而天才的产生与父母和家庭环境有很大关系，天才通常出现在那些家庭环境富裕，并有丰富的智力或艺术刺激的家庭。

**8. 考夫曼（Kaufman）的创造力的娱乐公园模型**

考夫曼所提出的这个理论将实现创造力的条件比喻成娱乐公园模型，此观点结合以往创造力领域特殊性和一般性的观点，将创造力的特殊领域和一般领域相结合，总结出四层模型图。四层模型图将实现创造力的条件分成四个水平，第一个是一般水平，这是初始的条件，包括智力、动机、环境等要素，所有的人都能具备这些条件。而后来的每一个水平都将涉及越来越多的具体领域，越具体的水平能达到的人就越少。第二个水平是主题领域。第三个水平是宏观领域。第四个水平是微观领域，这是最具体的领域。后来，考夫曼将其创造力模型发展成4－C创造力模型。在2009年的文章中以海伦·凯勒为原型（Kaufman and Beghetto，2009）诠释了Mini－C的概念，以及整个4－C创造力模型。

### 9. 詹斯（Janssen）的团队创造力研究

团队创造力指的是团队中产生新想法，并将新想法加以实施并运用的能力。团队创造力的研究始于伍德曼（Woodman，1993）提出的创造力交互作用，从而将创造力的研究从个体视角延伸到团体视角。按照安德森等（Anderson，et al.，2014）关于团队层面创造力影响因素的分类方法，将其分为三个方面，分别是团队组成、团队过程和团队领导。这些要素都对团队创造力的成果产生影响。

### 10. 格拉韦亚努（Glăveanu）基于文化研究视角的5A理论

格拉韦亚努（2013）提出用Actor（行动者）取代Person（创造性人格），以Action（行动）取代Process（创造过程），以Artifact（手工艺品）取代Product（产品），以Audience（大众）取代Socialpress（社会压力环境），以Affordance（环境可供性）取代Materialpress（物质环境压力）。从这5A的视角重新诠释它们之间的动态联系，Glăveanu认为创造不是一朵无根的花，创造的根就存在于创造者（Actor）所在的自然及社会文化之中，就在他们的生活工作之中，在这个宽广的环境中存在各种各样的人（Audience），各种各样现成的工艺成果（Artifact），有各种各样可以提供给你再创造的资源（Affordance），在不断地与它们的互动中（Action），充实完善着物质或精神层面的文化创造。

### 11. 埃弗里尔（Averill）和诺尔斯（Knowls）的情绪创造力研究

情绪创造力的概念是由埃弗里尔和诺尔斯基于多年情绪社会建构理论研究而提出的全新概念，埃弗里尔明确指出情绪是创造力的产物，并定义其为个体感觉他人情绪以及使用创新方式真诚表达自身情绪的能力，这种能力能有效地满足个体内心和人际交往的需要。情感创造力（Emotional

Creativity，EC）是一种与情感体验中的独创性和恰当性相关的认知能力和人格特征的模式。埃弗里尔等人参考创造力的评估指标提出情绪创造力的评估指标，即新奇性、有效性和真诚性。情绪创造力的评估标准可按照类型和程度划分。在最低层次上，指个体将自身文化基因传承到情绪中进行特殊、有效的应用；在中等较复杂的层次上，指个体或群体为了满足自身需求（内部或外部）对文化传承中标准情绪进行修饰加工；在最高层次上，指可以创造出新的情绪类型，这种新的情绪依托于个体能否掌握标准化情绪的信念和规则。

从众多当代创造力的观点来看，创造力的本质与形成的轮廓随着研究的深入越发明晰。虽然各家所提出的观点在主要的研究方法上有所不同，所侧重的核心概念有所差异，但却显示出较为一致的研究取向：创造力的研究架构注重整合观点、脉络取向及互动历程；创造力的组成不能忽视动机、领域、知识及学门、守门人等成分。创造力的整个实现机制不但整合了个体生物因素，还整合了社会文化因素，创造力的产生是多种成分的聚合。

有关创造力研究与理论发展的总体趋势，实际上为本书作者的研究提供了一种研究脉络：**以个体创新者为研究对象，试图从个人与社会的联系方式作为出发点，揭示人文社会科学与艺术创造者之所以取得高层次创造成就的个体认知原因、人格原因和家庭、文化、环境等方面的背景原因，以期最终获得关于创造力本质的与创造实践相结合的知识。**

## 四、已有同类研究的介绍和评价

通过研究已经取得创造性成就的人才的各种资料、档案以获得对创造力认识的研究范式一直是创造力研究的一个主要研究方法。这种研究方法最早通过档案调查法、自传研究法开展研究。这种方法对已经去世的被试群体尤为有效，是一个无可替代的高效的研究方法。从最早的高尔顿（Galton），到今天的西蒙顿（Simonton），都用这种方法进行过类似研究。

如今，随着质性研究技术的发展，人们开始使用访谈法，即通过当事人回溯历史、还原创造的过程获得访谈信息，然后对访谈信息进行严密的分析，并最终获得创造力研究的结果。在这个领域最为著名的是米哈伊在1990—1995年通过对90位杰出人士进行访谈所做的研究，他的一系列研究成果在前面的综述中已多次提及。除此之外，阿黛尔·科哈尼（Adele Kohanyi，2005b）发表的一项研究结果也采用了访谈法，他通过访谈十位有创造性的作家或新闻记者，考察了被试文化、认知、人格和家庭等各个要素的特点，并得出结论：创造性人才的认知特点和人格特点与其所从事工作的领域有一定的关系。职业成就的最终取得，要受个体认知、人格等方面特点的影响，家庭环境因素会影响孩子的能力发展，这些因素共同作用决定职业发展的走向和最后的成就。

在中华文化范围内，以中国特定领域的创造性人才为被试样本进行的研究还不是很多，研究者通过文献调研，找到以下四种相关研究。

### （一）社会创造性人格的发展与相关因素：对中国近现代社会创造性人物的历史测量学研究和个案研究

这个研究是谷传华博士学位论文的主要研究内容。谷传华运用历史测量学方法和个案研究法考察中国近现代30位社会创造性人物的人格发展特点及其影响因素。

将历史测量学方法与个案研究方法结合使用，既可以考察社会创造性人格的终生发展特点，又可以从一般性与特殊性、普遍性与个别性这两个层次上更好地描绘社会创造性人格发展的轨迹。通过设计、考察人格的终生发展及其影响因素的整合性研究，弥补了社会创造性人格的研究和相关的历史测量学研究主要局限于西方的缺憾。

### （二）科学创造人才心理特征及影响因素研究

这个研究是张景焕博士学位论文的主要研究内容。张景焕将数学、物理、化学、地学和生命科学五个领域中共34名科学家作为研究被试，通过深度访谈的方法，获得被试在创造的过程中和成长经历中的重要事件。

该研究主要运用质性访谈的方法，以扎根理论为基础，加之严密科学的统计分析手段，获得了对科学创造人才心理特征与成长影响因素的一系列的研究成果。通过对质性访谈资料的分析，张景焕建构了科学创造人才心理特征以及影响因素的分类模型、概念模型及各个因素之间关系的关系模型，并在影响因素分类的提示下，根据科学创造人才的情感、才能发展特点划分出科学创造人才成长的五个阶段。

### （三）杰出表演艺术家艺术生涯历程之研究

这个研究是慈济大学教育研究所教授陈昭仪在2002年所做的一项研究。研究者通过对六位杰出表演艺术家进行深度访谈并结合相关资料开展个案研究，得出以下主要结论：杰出表演艺术家生涯历程及影响因素可分为：家庭环境、艺术工作的养成教育、从事艺术工作的历程、命中“贵人”的引导与影响以及时代背景等因素。

### （四）中国文化与中国人创造性特点的关系研究

这个研究是广西大学教授甘自恒2005年发表的一项研究成果，研究者系统研究了黄健的新著《走近科学家》中23位院士的传记和其他中国科学家的文献，总结出中国科学家的十种基本素质：高尚的理想和志向、爱国主义精神、善于合作的精神、善于提出和讨论问题的精神、善于综合勇于创新的精神、甘于奉献敢于冒险的精神、求实严谨的治学精神、逆境发愤老当益壮的精神、尊敬师长关爱晚辈的精神、争创一流再创辉煌的精神。

纵观本土化的关于创造性效标人群的研究，这些研究涉及社会、科学、艺术创造各个领域，尽管所涉及的领域十分宽泛，但也存在一些美中不足的地方。

在研究侧重点上，现有的对人文社会科学和艺术领域效标群体的研究要么就是关注人格特征，要么就是关注成长历程，而没有将两者综合起来对人文社会科学和艺术领域创造性人才进行一个全方位的整体探讨。

在研究方法上，现有的对人文社会科学和艺术领域的创造性人才的研究大都是立足于历史测量学的角度，以对被试的作品、档案等已有资料分析作为主要的研究方法。陈昭仪教授使用近几年兴起的通过深度访谈、开展质性研究的方法，但是样本只有六个，只进行了生涯历程的研究。针对科学领域创造性人才心理特征及其影响因素的研究，虽然采用了深度访谈的研究方法，通过对访谈信息的质性分析，获得了一系列有价值的研究成果，但是该研究只是针对自然科学五个领域中有创造性人才的研究，样本的范围有待进一步扩大，需要尽快完善人文社会科学和艺术等领域创造性人才的研究成果。

无论是国外还是国内本土化的研究，已有研究的深度都还有待进一步深入。对人格要素各个品质之间关系的研究还不多见。人格特质与成长经历的关系、创造性产品的创造过程，以及人格要素相互作用的关系，这些都是需要进一步探索的内容。

# 第二章　人文社会科学和艺术创造者创造力研究中方法学探讨

## 第一节　研究对象从何而来

基于社会科学领域人员的复杂性和多元化的特点，本研究将选定的社会科学领域的创造性人才分为两类。一类是人文社会科学创造者，主要指从事与人文社会科学领域相关的学科研究，并在该领域取得了独创性成果的人员；另一类是艺术创造者，主要指社会认可程度较高、有令人瞩目的且具备原创性的作品和成就的人员，例如从事艺术创造的画家、作家、书法家、导演、舞蹈家、音乐家等。

对于人文社会科学创造者，主要是以他们研究成果的原创性、独创性来判断他们创造性所达到的水平。而对于艺术创造者，则是以其作品的创新性以及由此延伸出来的社会认可度和领域知名度为标准。两类人才最终有 38 位进入本研究，他们的具体分布见表 2-1。

为保证本研究中的人文社会科学、艺术领域的被试（被研究者）的确是具有原创性、高水平创造力的专家，本研究制定了严格的被试入选标准。

在具体的遴选方法上，依据教育部《学科分类手册》将社会学科分为 24 个学科类别和中国社会科学院设置的 21 个学科研究所，选定人文社会科学研究人员的范围。考虑某些学科的特殊性，本研究主要选择有重大社会影响的社会学、哲学、历史、语言学和中文五个领域。

**表 2－1　被研究者（被试）情况**

<table>
<tr><th colspan="3">学科领域</th><th colspan="2">年龄分布</th></tr>
<tr><th>学科</th><th>名称</th><th>人数</th><th>年龄段</th><th>人数</th></tr>
<tr><td rowspan="7">艺术领域</td><td>视觉艺术</td><td>4</td><td>41～50 岁</td><td>10</td></tr>
<tr><td>舞蹈</td><td>4</td><td>51～60 岁</td><td>8</td></tr>
<tr><td>书法</td><td>3</td><td>61～70 岁</td><td>6</td></tr>
<tr><td>音乐</td><td>3</td><td>71～80 岁</td><td>10</td></tr>
<tr><td>导演</td><td>3</td><td>80 岁以上</td><td>4</td></tr>
<tr><td>作家</td><td>5</td><td>合计</td><td>38</td></tr>
<tr><td>合计</td><td>22</td><td></td><td></td></tr>
<tr><td rowspan="8">人文社会科学领域</td><td></td><td></td><th colspan="2">兄弟姐妹中的排行</th></tr>
<tr><td></td><td></td><th>排行</th><th>人数</th></tr>
<tr><td>中文</td><td>3</td><td>老大</td><td>13</td></tr>
<tr><td>历史</td><td>3</td><td>居中</td><td>17</td></tr>
<tr><td>语言</td><td>4</td><td>老小</td><td>6</td></tr>
<tr><td>哲学</td><td>3</td><td>缺失值</td><td>2</td></tr>
<tr><td>社会</td><td>3</td><td>合计</td><td>38</td></tr>
<tr><td>合计</td><td>16</td><td></td><td></td></tr>
</table>

最后选定的人文社会科学领域的被试来源有两个途径。由于人文社会科学研究领域没有像自然科学领域一样的院士制度，本研究以中国社会科学院自 2006 年起恢复的学部委员会委员和教育部 2004 年成立的教育部人文社会科学委员会委员为基础。在《中国社会科学院学部章程》和《教育部社会科学委员会学风建设委员会章程》中，对于委员的资格，都要求他们具有较高的专业造诣、学术水平和良好的学术道德，模范遵守学术规范，有较高的学术声望和社会影响。进入两个委员会的成员，基本代表目前活跃在我国有关人文社会科学研究领域最高水平的群体。因此本研究初

步选定两个委员会有关领域的顶级专家群体，共 122 名。

考虑到这两个委员群体以目前活跃于各自领域的中、青年研究人员居多，所以这个名单中并未收录目前已经退休的老一辈的“国宝”级人才。因此我们启用了另一个选取被试人员的补偿系统，即由以上两个群体的人文社会科学专家推荐产生另一个有原创性的、高水平的效标群体。如果某位学者被各个学科中 2～3 名以上的其他学者推荐，也就是说该学者被公认为拥有创造性成就，能称为创造性人才，那么即使被推荐者不在两个委员会名单中，他也会被选进我们的被试库。用这种方法我们又另外选出 54 人。

最后共有 176 名符合资格的被试进入我们的被试库。

被试的进一步选定程序是查询以上 176 名被试的代表性成果，然后隐去姓名，分别列出每个人的主要研究成果，在所选学科内请北京大学、中国社会科学院、北京师范大学有关领域研究人员（有高级、中级职称的在职教师、相关领域的三年级博士生），让他们对各个被试的研究成果是否具有创造性进行评价，要求至少三人对被试的创造性程度进行评定，被两人以上认可的，最后确定为正式访谈的研究对象。为确保相关领域研究人员的评价有较强的可依据性，对于这些人员的选择也遵循了一定标准：要求他们对该研究领域的资料有比较全面的了解，掌握该学科的最新进展，同时有论文发表和课题申报与立项经验，对领域的研究成果有一定的见解和评价能力。

经过以上选定程序，最终有 120 名人文社会科学专家符合本研究的被试标准。

艺术类创造性人才的选定是依据教育部《学科分类手册》归类于人文社会领域中的人文艺术领域的文学创作和艺术领域（书法、美术、电影导演、媒体和建筑设计）作为我们研究的学科范围。在上述各个领域内，每相隔 1～4 年不等的时间都有相应的国家级奖项评选活动。这些奖项的评选标准除必要的意识形态评定外，核心内容都是创新的水平和在领域内的开创性价值。比如，鲁迅文学奖鼓励在继承我国优秀传统文学和借鉴优秀外来文化基础上进行探索和创新，兰亭书法奖则要求书法艺术的传统与时代意识的创新性结合。

为此，本研究选定各相关领域内国家级水平的获奖者名单作为被试初选范围。具体的奖项选定如下所述。

文学：长篇小说——茅盾文学奖；中短篇、报告文学和诗歌——老舍文学奖；电视、电影剧本——鲁迅文学奖。书法：兰亭书法奖（授予有重大成就、突出贡献的书法家、书法教育家和书法工作者的最高奖项）。舞蹈：中国舞蹈荷花奖。电影导演：金鸡奖、百花奖，以及1980年以后在国外获奖。音乐：选入20世纪华人音乐经典名单中的大陆作曲家。美术：全国美展金奖获得者。

经过以上选定，共有903名获得以上奖项的被试进入我们的初选范围。

进一步的筛选是让1~2名在文学和艺术各个领域中拥有博士学位的专业人才（从事文学创作的作家及专门从事文学和艺术研究的理论家）在名单范围内进行进一步的提名筛选。考虑到艺术家的集中程度、能够折射我国文学和艺术整体水平的因素，以及研究的相对便利，被试最终主要选择在北京能够进行访谈的文学和艺术领域的艺术家。

903名候选被试中，除去因不在北京不能顺利进行研究和成果的创造性水平不能有效确定的被试，最终保留了120名被试进入下一轮筛选。

最后的筛选程序是查询120名被试的代表性作品，然后隐去姓名，分别列出每个人的主要作品以及相应的介绍，再分别请该领域内一位专业人才、一名该专业的博士生、一名普通的大学生，对其作品的创造性进行评价。如果有两个以上的评价者认为作品具有高度创造性，则该被试将最终被确定为正式的访谈和研究对象。之所以加进普通的大学生参与评定作品的创造性，是考虑到文学艺术是与大众生活紧密联系的领域，大众视角的观点也应当作为参照之一。而专业人才和相关专业的博士生都已经在相应的领域有一定的学术造诣，同时具备了专业评价能力。

通过这一程序，最后确定92名文学艺术家为合格被试群体。加上人文社会科学的120名合格被试，共有212名创造性的人文社会科学与艺术领域的专家，构成本研究可以进入实际研究操作的合格被试，并进入被试库。

由于被试群体的高端特性，赢得被试对研究的支持是一项具有极大挑战性的工作。通过对筛选出的 212 名被试进行各种形式的联系（包括电子邮件、电话或是登门拜访），反复说明本研究的目的、意义，恳请被试参与我们的课题研究。

最终，有 38 名被试同意接受我们的研究访谈，被访者出生年代期间为 1906—1962 年，有 6 位女性，其中 4 位是学术性创造人才，2 位是社会性创造人才；其余 32 位为男性。受访人才的出生地与童年成长地分布在我国大部分省份。

## 第二节　质性研究方法介绍

本研究通过访谈追溯，采用了点、线结合的研究视角，点关注的是找出创造力的特征本质，包括创造力表现在思维和人格方面的特征。同时还通过问卷法和测验法辅助收集数据，然后将两种方法的结果加以相互比照。线关注的是回溯追踪，找出外部环境对个人创造力成长的影响。

### 一、质性研究范式简介

本研究主干的研究内容采用了质性研究的范式。数据收集工作采用的方法主要是深度访谈法。因为目前国内心理学领域进行质性研究的论文和著作还不多见，研究者对质性研究的实施，包括研究初期的入手、资料收集、资料分析等阶段，主要参照了国外和我国台湾地区的相关著作。

所谓质性研究，主要是指不经统计程序或其他量化手段而产生研究结果的方法，它可以应用于对人的生活、经历、行为等问题的研究。质性研究以归纳分析为主，研究者试图理解情境，通过研究过程中对资料的分析和探索得出一定的研究结论，而不是先将猜想强加于所研究的现象和情境之上。

20世纪60年代受到哲学研究领域Kuhn的观点及现象学的影响，人们开始对传统的实证研究提出质疑，尤其是在人文社会科学领域。人文社会科学领域是以人和复杂多变的社会为研究对象的，对象的复杂性限制了研究结果难以获得大量的样本开展量化研究，在这个角度上传统的实证主义那种追求精确数量化的证明逻辑受到了挑战。质性研究是相对于实证的量化研究而提出的一种研究范式，20世纪80年代这种范式在人文社会科学研究领域逐渐被人接受。量化研究与质性研究的比较见表2－2。

**表2－2　量化研究与质性研究的比较**

| 项目 | 量化研究 | 质性研究 |
| --- | --- | --- |
| 研究目的 | 证实普遍情况，预测，寻求规律 | 解释性理解，寻求复杂性 |
| 研究内容 | 事实，原因，影响，凝固的事物，变量 | 故事，事件，过程，意义，整体探究 |
| 研究层面 | 宏观 | 微观 |
| 研究问题 | 事先确定 | 过程中具体 |
| 研究设计 | 结构性的，具体的，事先确定的 | 灵活的，演变的，广泛的 |
| 研究手段 | 数字，计算，统计分析 | 语言，图表，描述性分析 |
| 研究工具 | 量表，问卷，统计软件 | 研究者本人，录音机，质性分析软件 |
| 抽样 | 随机抽样，样本量较大 | 目的抽样，样本量通常较小 |
| 研究情境 | 控制性 | 自然性 |
| 资料收集 | 问卷，试验，结构性观察 | 访谈，参与观察，实物分析 |
| 研究架构 | 事先设计 | 逐步形成 |
| 研究结论 | 概括性 | 独特性 |
| 理论来源 | 由上而下 | 由下而上 |

## 二、质性研究的实施

图2－1简明地展现了质性研究的实施过程。在质性研究中，几个非常重要的步骤，决定研究的最后结果。

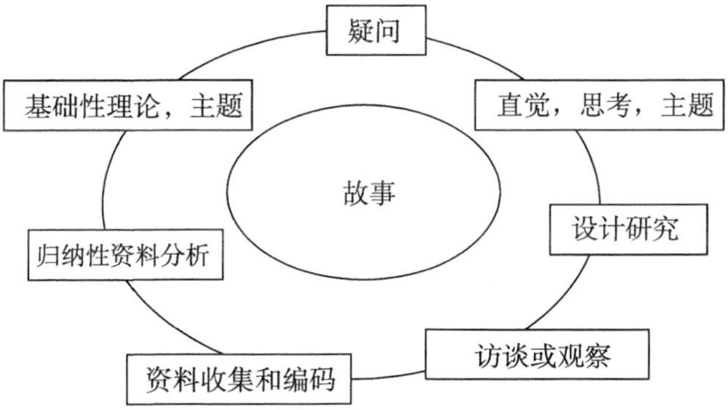


**图2－1 质性研究的步骤**

### （一）收集数据的方法

在质性研究中，收集资料的常见方法有观察法、访谈法、民族志法、内容分析法和个案研究法。通过质性方法收集资料关注的不是数字，而是大量有内容的实质性信息。这些信息资料的获得或是通过访谈，或是通过历史实物调查，或是通过田野调查。

研究者在本研究中根据研究内容，选定目前仍然活跃在人文社会科学与艺术领域的杰出人才，并采用深度访谈法来进行数据收集，以便对这些被试进行创造力相关特征的研究。通过开放式问答方式作为深入访谈的手段来获取有意义的资料，让被试在我们研究设定的访谈提纲范围内尽量自由地谈论与自己相关的信息，从他们回溯式的叙述中找出对研究有意义的材料，了解他们在社会系统环境中构思世界、解释生活的方式，从而构建相关的理论解释体系。

对于访谈法，收集相关的数据资料是一个非常重要的环节，只有尽量全面、深入地收集被试相关的信息资料，才可能为后期的编码和理论建构打下坚实的基础。

访谈中通常要注意以下四个方面的问题。

1. 尽量避免预设问题

质性研究中最主要的研究工具就是研究者本人，对研究问题的界定往往因为个人风格的不同而有很大差异。但无论怎样，都要遵循一个原则：访谈者要尽量避免先预设问题；更不能对被访谈者及其所叙述的事件产生个人偏好，即尽量保持中立态度。对问题的界定应该是在研究的过程中，尤其是在资料分析的过程中，慢慢呈现。

2. 研究场地的选择

一般在访谈地点的选择上要尊重被试提出的要求。同时，由于访谈的目的是希望被试能够尽量多谈及自己的故事，提供更多的信息，因此在访谈地点的选择上应该以能让被试放松自如为主要目的，尽量不要选择像实验室这样让人较为约束的地方。

3. 和被试的关系处理

能否取得被试的信任是决定访谈深度的一个主要影响因素，为了掌握问题的核心，访谈员（研究者）往往需要积极取得被试的信任，避免被试因紧张、不适而造成所收集的信息变得歪曲、不真实。有时候访谈员还必须在坚持专业判断和做出适当妥协中找到一个平衡点。

4. 访谈过程的灵活多变

本研究在深度访谈实施前，小组内部详细讨论了一个半开放式的访谈提纲。访谈的过程基本遵循访谈提纲题目设计的逻辑逐步推进。但是实际过程不是一成不变的，它是一个动态的过程，访谈员要根据被试的各种反应及叙述的内容，及时灵活地做出调整。

对追问的把握也是至关重要的，通过追问可以及时捕捉很多在研究设计阶段无法想到的信息，丰富了研究资料。

### （二）资料分析的过程

资料分析的过程是一个连续的、不断修正的过程，这个过程富有弹性，充满创造力。

一般来说，资料分析的过程大致有以下五个步骤：①逐字将录音转换成文本稿；②进一步阅读文本稿，校正文本稿内容；③根据研究主题进行编码，并形成类别；④重新审视编码内容和类别；⑤重复修正编码结果得到最后编码结果。

编码的方法一般有四种：①内容分析法。根据研究者的主题和目标，先形成编码手册，然后根据手册的编号，将访谈内容的字句按照被试逐一进行归类编码。此种分析方法可以借助计算机加以计算频次以便进行深入的统计分析。②样板式分析方法。此法没有固定的编码手册，而是根据理论将访谈内容作为概念化分类，并对分类结果加以诠释，以此建立自己的理论。此法完全依托文本信息，必须不断地回到访谈文本中，逐字进行编码。③编辑式分析法。研究者根据扎根理论，完全以陌生的态度进入文本资料中，像编辑一样进行剪辑、重新安排文本，直到将访谈文本转化为可以进行深入阐释的面貌为止。④融入化分析。此法常用于个案研究中，研究者必须反复回顾被试的经验，尽量使自己能够准确洞察被试的相关经验，融入整体的分析中，然后再进行相应的提炼、加工，直至文本成为可报告的形态。

## 三、本研究中克服的几个难点

### （一）质性研究编码的思考

前文质性研究介绍中提及四种对质性研究资料的编码方法：①内容分析法；②样板式分析方法；③编辑式分析法；④融入化分析。

在编码方法的选用上，本研究根据研究目的，结合使用了多种方法对被试的文本资料进行编码。思维特征、人格特征研究偏重使用内容分析法和样板式分析法进行编码和概念归类，创造过程的研究除了使用样板式分析法进行编码外，还结合使用了融入式分析法。

### （二）编码结果的呈现

编码结果因编码形式的不同而有所变化。目前在心理学领域对质性研究的使用有三种形式：①在进行大规模的正式研究之前，将其作为预研究，为工具编制提供依据；②建立在比较深厚的理论基础上，直接对编码结果进行诠释，建立自己的理论体系；③进一步将编码量化，作为进行量化分析的数据。

而质性研究最初的发展动力主要是为了实现第二种目标，而作为研究人文社会科学的一种方法，研究者也更希望在第二种形式上实现真正的突破。本研究也基本上沿着以上思路，希望通过对编码的进一步归纳、总结，描述各个编码之间的关系，得出独特的研究结论。同时为了和现有的实证研究体系加以联系，研究者也尝试将一些编码进行简单的量化，并进行统计学意义上的分析。

### （三）研究信度的保证

质性研究对科学性也有一定的要求。质性研究提倡用三角校正法来保证研究的信度。所谓三角校正，是指利用多种资料来源、资料收集策略、观察者和相关理论，以减少研究者的偏见。

三角校正有不同的形式，通常有以下四种：①方法三角校正：采用不同的资料收集方法以检验研究发现的一致性；②来源三角校正：运用同一方法检验不同资料来源的材料的一致性；③分析者三角校正：选定不同的分析者来审查研究发现；④理论观点三角校正：使用多种理论观点来诠释资料。

本研究实际上综合应用几种不同的三角校正方式来保证研究的信度。

#### 1. 方法三角校正

研究实施过程中，研究者除了通过分析访谈法收集的文本资料获得相关研究成果外，还通过问卷法或测验法收集相应资料。例如，在人格特征的研究中，研究者采用两种不同的方法分析资料数据，并得到较为一致的研究结果，从而证明了本研究具有一定的研究信度。

### 2. 分析者三角校正

在每一个研究的编码初期，研究者邀请一位同样接受过质性研究方法训练的研究者作为助手和自己一起编码。随机抽取若干段落，两人依照研究目的分别编码，然后通过抽取概念词和类别比较两人的编码结果。如果结果差异很大，就讨论两人的编码思路，之后再抽取若干段落进行重新编码，然后比较两人编码结果，直到两人编码结果达到 90% 以上的吻合度。最后两人再讨论并形成最终的编码规则。

除此之外，研究者还使用重复三角校正法来保证研究的信度。所谓重复三角校正，就是研究者本人分别在前后有一定间隔的不同时间段，对相同的文本资料进行重复分析，比较两次编码的结果，保证重复性信度。发现重复编码的吻合度非常高，达到 89% 的一致度。

## 第三节　访谈法介绍

科学知识的积累有两个基础，一个是事实，另一个是逻辑。事实是一切研究的出发点，究竟用什么方法来获得事实才能够使科学报告中关于事实的描述与实际情况是对应的，这一直是困扰科学家，尤其是心理学家的问题。考虑到创造力形成的复杂性，以及研究必须深入到创造力形成及其作用的过程之中的要求，传统的即时性心理实验、问卷调查的方法显然不适合本研究。为此，本研究选择了以质性研究思路为主的研究模式，通过开展半结构形式的访谈，来作为收集资料、获取关于创造力的形成和作用过程事实的相对资料。具体方法是引导被试以“讲故事”的形式追溯其成长经历及其有代表性的创造性成就的产生过程。访谈期间，我们也使用了问卷调查的方法来完成某些特定环节。这种条件下的问卷，是作为支持性研究计划的，实际上是一个结构化访谈过程。

访谈，就是研究性交谈，是以口头形式进行的，根据被询问者的答复搜集客观的、不带偏见的事实材料作为样本，再通过样本准确说明总体的一种方式。尤其适用于当研究问题比较复杂，需要向不同类型的人了解不同类型的材料时。

## 一、设计访谈提纲

访谈提纲是整个访谈过程的一个指导纲要，访谈成功与否很大程度上取决于访谈提纲设计的优劣。完善而周到的访谈提纲有助于高效、高质地完成访谈任务，获得最为有效的数据信息，为后期的数据整理工作奠定一个良好的工作基础。

本研究中，访谈提纲采用半结构化式的问题设计方式，即尽量用开放性的问题，引导被试在特定的研究范围内深入和自发地谈及相关问题。

访谈提纲的设计遵循以下三个原则：①让被试能够“讲故事”。选用开放性的问题，尽量让被试的叙述自由、完整，而非一问一答的问卷填答形式。②围绕创造性的产品进行访谈。无论是研究被试的认知、人格特征，还是创造的过程，抑或研究环境对创造的意义，所需数据信息都应围绕被试的创造性产品展开。也就是说要通过被试讲述其创造性产品的创造过程，来获取被试各方面的信息，包括被试成长经历和环境作用的叙述都应与其创造性产品有一定的关系。③研究者所提问题要简单明白、易于回答。提问的方式、用词的选择、问题的范围要根据被访的知识水平和习惯来定。

研究者根据本研究的具体目标，结合文献资料和已有的各方面的研究成果，与小组成员多次商讨之后，拟定一个半开放式的访谈提纲。在通过四次预防谈进一步修正后，最终形成正式的访谈提纲。

## 二、访谈前的准备

针对访谈，应做好充分的准备工作。

### （一）熟悉访谈对象

由于人文社会科学和艺术领域的专家及其代表产品的独特性，约请好被试以后，还必须通过网络、图书馆，尽量多搜集有关被试及其代表作品的相关资料，为访谈做好充分准备。这个准备工作是全方位的，不仅仅要了解被试的主要研究方向和知名的相关研究或是拜读其著名的作品，凡是和被试有关的信息都要尽量多掌握，这样才能在访谈中更灵活地应对各种突如其来的状况。例如，访谈中有的被试经常会提到一些相关的人的名字，如果对被试了解不够深入，就很有可能影响与被试的进一步交流，进而影响最终的访谈效果。

### （二）学习访谈技巧

在访谈中，研究者要保持中立的态度，不要将自己的意见暗示给被访谈者，否则会影响资料的真实性。要把握访谈的方向和主题，以及关注的焦点，防止谈话偏离主题，影响效率。谈话要遵循既定的标准程序，避免研究者与被试之间进行毫无目的、漫无边际地交谈。关键是要准备好谈话计划，包括注意关键问题的措辞是否准确以及如何对谈话对象所做回答进行分类，等等。在访谈时要掌握好发问的技术，善于洞察被试的心理变化，懂得随机应变，巧妙使用直接法、间接法，等等。研究者还要注意自己的访谈态度、行为举止，最关键的是要以诚相待，热情、谦虚、有礼貌。有时沟通不足也会导致访谈失败。善用应答技巧，学会用“嗯”“噢”等应答词激发被试深入思考和叙述；巧用非口头语言形式，比如点头、目光对视等与被试形成有效的反馈系统，同时又不打搅被试思考的流畅性。

## 三、访谈的实施

每次访谈前，约请被试往往是一件非常艰难的工作。首先获取被试的联系方式就非常困难，然后电话联系争取访谈被试的同意更是难上加难，而就算取得了被试的同意，为了确定合适的时间，研究者打的电话有时也多达数十次。

进行访谈与约请被试相比，是相对容易实施的工作。访谈在约定好的时间和地点进行，在征得被试同意后，对访谈进行录音。访谈的整个过程大致按照半结构访谈的问卷题目进行，访谈关注的焦点是创造性产品的创造过程和创造者的个人成长经历。访谈过程中，也结合了历史测量学的研究方法，并使用了问卷自评法、词汇联想测验法。

### 四、访谈的成果

访谈38位被试，共历时13个月。汇总有效访谈时间，统计结果如下，访谈总时间为3831分钟，平均每位被试的访谈时间约为101分钟，其中访谈时间最长为171分钟。访谈之后形成的文本资料总计771588字，平均每位被试的文本字数约为20305字。

## 第四节　问卷调查法介绍

为了更好地了解被试的人格特征，同时为了提高研究的信度，用多种研究方法共同验证研究结果，本研究也采用了问卷调查的方法，通过书面回答问卷的量化研究方式对高创造性成就人才的人格特征进行研究。

### 一、研究工具

以人文社会科学与艺术人才群体为研究对象，在参考张景焕博士的科学创造人才研究中总结的人格特征形容词表中的151个词的基础上，我们罗列了以往研究中所总结的有关人格特征的形容词和特征描述语句，并将特征描述语句转换为意义相同或相近的形容词，最终形成了一个由192个描述人格特征的词组成的形容词表，由此形成了创造性人格特征词库。然后我们将前后重复，意义相同但表述不同的形容词进行归类整理，整理完毕以后，保留了120个形容词，由此形成初试问卷。然后邀请人文社会学科领域和艺术学科领域的研究生各3人进行预测，删除被试反映词义模糊的、社会赞许性高的词汇，最后形成由108个特征形容词组成的人格特征自评问卷。为防止作答人有说谎或是不认真作答的情况，专门设计测谎词组 3 对，分别为“自信”“保守”“易受影响”，设计了配对词组“不自信”“开放”“易受打扰”，以确保被试的作答过程是清晰和注意力高度集中的。

最终形成的工具是由 111 个词汇组成的词表问卷，其中 108 个词汇为测量词汇，具体见本书第 110 页。

## 二、研究程序

词表问卷的测验安排在研究者对被试的访谈过后。研究者在和被试的访谈过程中通过特定主题的引导，已经引发被试对自己的创造过程、成长过程进行比较系统的回忆，整个过程包含被试对自己人格特征的一个反思。这种激发有助于被试更为准确、客观地作答自评人格特征问卷。

填答方式为：让被试在一个 5 点量表上标出每种特征和被试自身性格特征的符合程度，其中 1 ~5 的含义分别是：5 = 非常符合；4 = 比较符合；3 = 基本符合；2 = 比较不符合；1 = 非常不符合。

对收集到的数据，首先要经过测谎词检查，即被访者在 3 对测谎词上的作答是否相互矛盾。例如：被试如果在“自信”一词处自评打分为 4，同时“不自信”一词处的打分也是 4，这时就认定该被试的作答不可靠，其数据作为无效数据处理，不计入最后的分析。结果表明，所有参加词表问卷作答的被试数据都是有效的。最后用 Excel 记录数据，然后使用 SPSS 软件进行统计分析。

数据分析时首先将每个被试在五种不同程度上的特征词加以分类整理，然后按照所有被试的作答结果对这 108 个测量词汇的性质进行分类，分为正向（符合特征）和负向（不符合特征）两大类。其中包含四个亚类：纯正向特征词、偏正向特征词、纯负向特征词、偏负向特征词。分类标准为：如果评价为“符合”和“比较符合”的频次大于评价为“比较不符合”和“非常不符合”的频次，那么这个特征词我们就记为正向特征词。如果该特征词被评为负向特征的频次为零，则该词就是纯正向特征词，其他的词则为偏正向特征词。反之，如果回答为“符合”和“比较符合”的频次，小于“比较不符合”和“非常不符合”的频次，那么这个特征词就记为负向特征词。此时如果该词被评为正向特征的频次为零，则为纯负向特征词，其他词则为偏负向特征词。最后使用聚类分析深入揭示人文社会科学与艺术领域人才人格特征的自评特征。

## 第五节　自由联想测验法介绍

### 一、思维特征的测验范式

目前创造力的测验主要有三个常用的实验范式，分别是南加利福尼亚大学测验、托兰斯创造思维测验、芝加哥大学创造力测验。有关创造力的研究虽然设计了不同的题目和活动，但是其中都含有词汇联想的测验。考虑到本研究被试的特殊性，题目较多的测验显然不太合适，因此本研究只选用词汇联想测验作为思维品质数据收集的主要方法。

词汇联想测验，就是在研究者说出一个特定的引导词之后，请被试在特定的时间内，尽可能多地列举自己由这个引导词联想到的其他词汇，最后将被试说出的所有词汇作为评价一个被试思维品质的原始数据信息。在这个测验中，引导词的选取是最为关键的，对本研究的两个被试群体来说，不同的生活经历和知识阅历，都有可能给被试词汇联想带来影响，从而导致实验信息收集的偏差。因此所选取的引导词应该是中立的、不会受到群体特征的限制和影响，尽量保证词汇联想的任务对两个被试群体来说，完成的是“同一任务”。研究者最终选择比较中立，同时又是被试群体生活中常见的一个物品作为引导词。具体的测验内容如下。

#### （一）指导语

您好，以下是一个联想测验，您只需按照我的指令要求，做出相应的回应即可。时间大概 3 分钟，整个实验的过程会全程录音，所有收集到的信息只作为研究使用，我们将会对您的任何信息严格保密，请您放心作答。谢谢您的支持！

### （二）题目要求

在我说出一个词以后，你针对我说的这个词，说出您想到的内容（想的内容、主题不做任何限制，可以是一些词汇，也可以是一些句子），时间大概1分钟。如果您愿意写的话，也可以，给您一张纸和笔，您可以随意勾画，想到什么都请您写出来。但写是为了了解您思考的先后顺序，请您按照想到的先后顺序，将写下来的内容依次编号。

注意测验的终止方式：什么时候你想不到词汇了，请告知我，测验也即时停止。

举例如下：砖头，联想内容：①盖楼，②建筑用品，③土，④红色，⑤矩形。

## 二、测验的实施

测验的具体实施安排在访谈已完成，且征得被试同意之后。首先宣读指导语，给被试讲解测验过程，在确认被试明白测验过程之后，开始正式测验。

测验的终止方式为：当被试在30秒之内，完全没有想到新的词汇，就可以告知被试测验结束；或者被试在一定联想之后自行告知研究者自己想不到新的词汇了，测验也随之停止。

除了对本研究的38名创造性人才进行测验以外，本研究还进行一个对比测验，测验了30名大学生被试。

## 三、测验效度的保证

对人文社会科学与艺术创造者，由于该测验是在访谈之后进行的，研究者和各位创造者已经有了比较纵深的沟通，建立了比较良好的互动关系，因此可以比较可靠地保证词汇联想测验的有效性。

对大学生被试，在没有任何互动的情况下，直接让被试只做一个词语（词汇）联想测验，可能会由于时间短暂，被试的投入度无法保证，从而导致收集到的数据有效性有待考证。因此在针对大学生被试进行词汇联想测验之前，会首先让被试做一个由五个题目组成的学习情况调查表。并且在词汇联想测验之后，还会让该被试选择任意两个词解释一下为什么想到这个词，然后再编一个有关书架的故事。无论是做词汇联想测验，还是解释原因，抑或是编故事都要全程录音。

最后分析的仅仅是词汇联想测验中联想到的词汇。

# 第三章　人文社会科学与艺术创造者思维特征的研究

## 第一节　研究方法介绍

本研究通过对深度访谈获得的文本资料进行质性化的深入分析，并辅以量化统计分析，来揭示人文社会科学与艺术创造者在思维过程中表现出来的创造性思维特点及其结构。

### 一、研究实施

#### （一）步骤1：访谈

按时到达访谈地点进行访谈，在征得被试的同意后，对访谈进行录音。

访谈过程中，按照一定的顺序向被试一一问及访谈提纲上的问题。访谈过程中尽量不打断被试谈话，以便被试能够更好地进入自己回忆的情境当中。访谈多采用开放式的问答模式，以故事叙述法为主要途径获得更为真实的回溯数据信息。

#### （二）步骤2：文本资料形成

访谈结束后，由小组成员分工将收集到的录音材料逐字转录成文本稿。每一份录音资料转录完毕后，访谈员（研究者本人）都必须对照文本材料进行一次回听，核对录音内容与文本是否吻合，以保证信息的准确度。

## 二、研究资料整理

### （一）步骤1：粗编

将文本稿的主体信息根据研究主题的需要进行拆分。例如，本部分的主要研究内容是人文社会科学与艺术创造者的思维过程特征，那么编码者就要仔细阅读本文稿，将涉及此主题的段落提取出来。同时还要为每个被试建立专门的备注笔记。

### （二）步骤2：开放编码形成意义单元

逐段逐句地研究文本，从上一步提取出来的关于思维过程特征的段落中进行再提取、合并和初步概括，抽取出相应的意义单元。

这些意义单元主要由以下三种形式得到：①直接来自被试陈述的原文，这种方式形成的编码通常称为“实境代码”。如“关注真实生活中的问题”“和你这个人本性中的东西契合”“我的个人风格或者说我的性情”。②通过编码者将被试讲述的故事、描述的情境进行概括得到。如在被试提及自己如何思考着手一个创作时，说到“当我走在沙漠中，听到骆驼刺和沙子发出声音时，我内心就焕发出一种乐感，便在书法创作中加入声音的要素”，据此编码者将其概括为“环境类比迁移”。③当数个被试均提及一个相同的因素，但是讲述的故事并不完全相同，此时编码者也会通过总结概括，合并出一个意义单元。

### （三）步骤3：主轴编码形成概念词

主轴编码是对开放编码所形成的意义单元进行进一步归纳、概括，将隶属于同一层次的概念进一步归类，赋予概念词更大的解释力，以便对现象进行更为精确全面的解释。

### （四）步骤4：选择编码

选择编码是对概念词的进一步归纳。归纳后的概念词属于核心类别，它们代表研究主题的核心内容，具有很强的解释力，能够更好地解释研究主题的本质；同时也可以连接相近类别的概念词，组成相关联的层次模型。

### 三、量化数据

在进行质性方法编码的同时，也要将各个意义单元、概念词和核心类别出现的频次记录下来，形成量化数据。

## 第二节　人文社会科学与艺术创造者思维特征的系统结构

对创造者思维特征的研究是依托于创造者在访谈时谈及的多方面的创造经历来开展分析的。通过对文本内容的深入分析，研究者发现创造者的思维特征主要是一个过程性的展现，在整个创造过程中，渗透了思维的不同特征。以过程为主线，创造者的思维特征呈现出结构性的特点，主要表现为以瞬间的思维突破为核心，依托思维上的突出特点，以不同的思维形式为主要载体，完成一个完整的思维过程。另外，天赋和自身的兴趣影响也在这个结构中起到了一定的作用。对于人文社会科学与艺术创造者思维特征的系统结构，研究者用图 3－1 的类似圆葱的结构图做示意来描述。

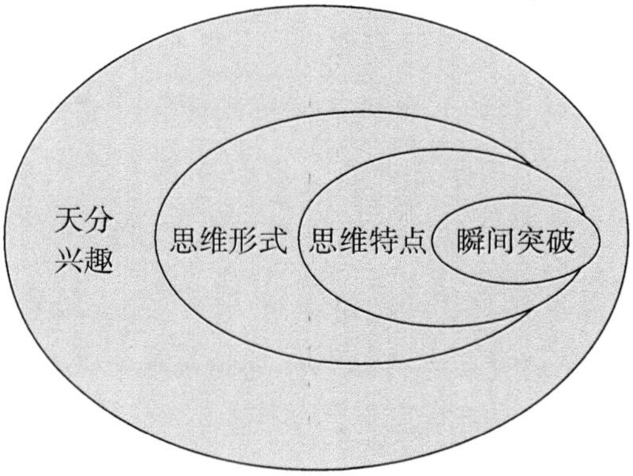


**图 3－1　思维过程中思维特征的系统结构示意**

## 一、系统结构获得的分析步骤

### （一）抽取意义单元形成思维过程中思维特征要素点

这一步参照开放编码的步骤，对38个被试的相关文本资料进行逐段逐句的阅读，提取重点语句，标定关键信息，进行开放编码。结果得到152个要素点来表征被试思维过程中的思维特征。它们分别是：

“关注真实生活中的问题”“和你这个人本性中的东西契合”“我的个人风格或者说我的性情”“联系实际的思维”“时代背景下的那种心理状态”“人性或人的生存状态”“中国传统”“文化的背景”“与环境的和谐”“理科思维”“学术积累延伸”“多学科角度看问题”“继承基础上的推进”“看、读中的发现”“实践经验的积累”“主题类比迁移”“举一反三”“内容类比迁移”“材料类比迁移”“关系类比迁移”“实物类比迁移”“旧新类比迁移”“环境类比迁移”“天赋”“个人的素质”“天生的东西”“越觉得想不清楚，就越觉得刺激，越来劲”“喜欢做什么事情，就一定能做好”“觉得有奥妙，有兴趣”“真心地喜欢”“爱好，一个非常强烈的冲动”“自然引发的创作欲望”“最有吸引力”“着迷”“否定地看问题”“不相信的习惯”“怀疑一切”“不人云亦云”“反向假设”“否定自己的想法”“前人没有涉猎的”“反复思考”“大脑不停顿的、极其疲劳的状态”“脑子跟计算机一样，在运转，什么东西都想到”“想不通的问题一直在想”“长期地摸索”“问题到你脑子里，你就不断地思考”“老得去想它，老得去找它”“经常想怎么写”“不断地升华、不断地思索这些东西”“就是寻找，寻找触发了灵感”“永远不会停止地问问题”“思想上的、技术上的、观念上的一个作品，为另外一个作品的产生做了准备”“问题转换需要很多年”“模糊清楚，又模糊又清楚，很多遍”“是我永远在思考的”“发现是通过大量的积累、思考，一个月、一点一点”“你日常的思考，你的阅读，都会跟它（主题）有关”“不断地研究，探索”“灵感”“突然想到”“捕捉住闪光的一瞬间”“瞬间的美感的知觉的捕获”“一下就开窍了”“偶然情境的触动”“偶然性”“感觉上的对位”“一瞬间的结论”“悟性”“直觉的最终一跃”“直接、非体系的感觉”“内心突然被震动”“各种观念啊，故事啊，或者是经历啊，放电影一样乱放”“所有的史料，所有的文献你都要搞清楚”“回忆我想得起来的所有的钢琴协奏曲”“心理上的广阔无边的联想”“从古至今的启发”“拼命地寻找题材”“主题相关或者说是某种关联都会定格”“进入一个程序，进入一个规定，进入一个限制，进入一个体系”“把调查的资料上升到理论的高度”“越来越接近了，接近到一定的程度，它突然就闪现出来了”“抽取”“归纳”“分类”“发现问题”“分析”“验证”“选择”“比较”“演绎”“反证”“总结”“排比”“搜集资料”“综合”“分层”“材料对比”“学派对比”“与实物对比”“过程对比”“传统与现代对比”“异同的清晰反应”“中外对比”“方式对比”“正反对比”“内容对比”“学科对比”“矛盾的存在”“偶然性和必然性的思考”“颠覆和继承的思考”“正反的思考”“完美与缺憾的把握”“相对与绝对”“了解最终结果状态”“清楚自己不要什么”“清楚自己要什么”“把握关键次序”“寻求转换”“明确研究什么”“有针对性”“明确对象需求”“不是重复别人”“不是你自己的东西”“寻找一个新的表达方式”“别人做过的，我自己做过的，以前‘嚼’过的东西，不够”“赋予现代人的崭新的一种思考”“不满足于只是跟在别人后边学，自己找方法”“不断去认识新的事物”“比前人有所进步，有新的发现”“出新的可能”“不是照搬的”“不会跟别人简单地一样”“环境激发”“生活激发”“源头的激发”“非常准确、精确”“第一手材料出发”“从头做起”“认真求证”“从不同方面去想”“多方面目标达成”“接触引发想法”“从杂志学习和发现问题”“非常敏捷地被唤醒”“捕捉能力”“报道引发的创作激情”“守着老先生不做什么，引发研究冲动”“觉得这个问题大有可为”“表达的冲动”“看到物件的及时判断”。

### （二）对要素点进一步归纳所得的概念词

要素点主要是对被试描述的思维特征加以总结和浓缩而形成的。接下来的这一步主要是以开放编码的结果为材料，进行主轴编码。将开放编码中所抽取出来的要素点加以归纳，将本质上同属于一个性质的要素归类概括出一个概念词。共得出21个思维属性概念词。

**思维的系统性：**“关注真实生活中的问题”“和你这个人本性中的东西契合”“我的个人风格或者说我的性情”“联系实际的思维”“时代背景下的那种心理状态”“人性或人的生存状态”“中国传统”“文化的背景”“与环境的和谐”。

**思维的综合性：**“理科思维”“学术积累延伸”“多学科角度看问题”“继承基础上的推进”“看、读中的发现”“实践经验的积累”。

**类比迁移能力：**“主题类比迁移”“举一反三”“内容类比迁移”“材料类比迁移”“关系类比迁移”“实物类比迁移”“旧新类比迁移”“环境类比迁移”。

**天分：**“天赋”“个人的素质”“天生的东西”。

**兴趣：**“越觉得想不清楚，就越觉得刺激，越来劲”“喜欢做什么事情，就一定能做好”“觉得有奥妙，有兴趣”“真心地喜欢”“爱好，一个非常强烈的冲动”“自然引发的创作欲望”“最有吸引力”“着迷”。

**思维的批判性：**“否定地看问题”“不相信的习惯”“怀疑一切”“不人云亦云”“反向假设”“否定自己的想法”“前人没有涉猎的”。

**思维的连续性：**“反复思考”“大脑不停顿的、极其疲劳的状态”“脑子是跟计算机一样，在运转，什么东西都想到”“想不通的问题一直在想”“长期的摸索”“问题到你脑子里，你就不断地思考”“老得去想它，老得去找它”“经常想怎么写”“不断地升华、不断地思索这些东西”“就是寻找，寻找触发了灵感”“永远不会停止地问问题”“思想上的、技术上的、观念上的，一个作品为另外一个作品的产生做了准备”“问题转换需要很多年”“模糊清楚，又模糊又清楚，很多遍”“是我永远在思考的”“发现是通过大量的积累、思考，一个月、一点一点”“你日常的思考，你的阅读，都会跟它（主题）有关”“不断地研究、探索”。

**瞬间突破：**“灵感”“突然想到”“捕捉住闪光的一瞬间”“瞬间的、

美感的、知觉的捕获”“一下就开窍了”“偶然情境的触动”“偶然性”“感觉上的对位”“一瞬间的结论”“悟性”“直觉的最终一跃”“直接、非体系的感觉”“内心突然被震动”。

**围绕特定目标的发散思维：**“各种观念啊，故事啊，或者是经历啊，它就像24小时放电影一样乱放”“所有的史料，所有的文献你都要搞清楚”“回忆我想得起来的所有的钢琴协奏曲”“心理上的广阔无边的联想”“从古至今的启发”“拼命地寻找题材”。

**聚合思维：**“主题相关或者说是某种关联都会定格”“进入一个程序，进入一个规定，进入一个限制，进入一个体系”“把调查的资料上升到理论的高度”“越来越接近了，接近到一定的程度，它突然就闪现出来了”。

**抽象逻辑思维：**“抽取”“归纳”“分类”“发现问题”“分析”“验证”“选择”“比较”“演绎”“反证”“总结”“排比”“搜集资料”“综合”“分层”“未来方向的判断”。

**形象具体思维：**“形象入手”“找寻痕迹”。

**思维的对比性：**“材料对比”“学派对比”“与实物对比”“过程对比”“传统与现代对比”“异同的清晰反应”“中外对比”“方式对比”“正反对比”“内容对比”“学科对比”。

**辩证思维：**“矛盾的存在”“偶然性和必然性的思考”“颠覆和继承的思考”“正反的思考”“完美与缺憾的把握”“相对与绝对”。

**目标明确：**“了解最终结果状态”“清楚自己不要什么”“清楚自己要什么”“把握关键次序”“寻求转换”“明确研究什么”“有针对性”“明确对象需求”。

**求新求变：**“不是重复别人”“不是你自己的东西”“寻找一个新的表达方式”“别人做过的，我自己做过的，以前‘嚼’过的东西，不够”“赋予现代人的崭新的一种思考”“不满足于只是跟在别人后边学，自己找方法”“不断去认识新的事物”“比前人有所进步，有新的发现”“出新的可能”“不是照搬的”“不会跟别人简单地一样”。

**想象：**“想象”“玄想”。

**思维的被激发性：**“环境激发”“生活激发”“源头的激发”。

**思维的精确性：**“非常准确、精确”“第一手材料出发”“从头做起”“认真求证”。

**多向思考：**“从不同方面去想”“多方面目标达成”。

**思维的敏锐性：**“接触引发想法”“从杂志学习和发现问题”“非常敏捷地被唤醒”“捕捉能力”“报道引发的创作激情”“守着老先生不做什么，引发研究冲动”“觉得这个问题大有可为”“表达的冲动”“看到物件的及时判断”。

### （三）对概念词进一步归纳，发展出的核心类别

这一步主要完成选择编码的工作。将21个概念词进一步归纳连接，获得4个核心类别。

**思维的特点：**“思维的系统性”“思维的综合性”“类比迁移能力”“思维的批判性”“思维的连续性”“思维的对比性”“目标明确”“求新求变”“想象”“思维的被激发性”“思维的精确性”“辩证思维”“多向思考”“思维的敏锐性”。

**思维的形式：**“围绕特定目标的发散思维”“聚合思维”“抽象逻辑思维”“形象具体思维”。

**外围辅助因素：**“天分”“兴趣”。

**核心因素：**“瞬间突破”。

## 二、思维特征的系统结构描述

本研究结果表明，创造性思维特征是过程中表现出来的，“瞬间突破”是创造性思维最为核心的要素，是创造中的关键步骤。连续不断地思考和坚持的投入最终都会以瞬间的思维突破作为一次创造的一种巅峰状态呈现。

本研究在总结先前研究的基础上，提出了以下假设：灵感在人文社会科学与艺术创造者的思维结构中具有核心作用。而研究者在研究过程中提出的“瞬间突破”是创造性思维最为核心的要素，这里的“瞬间突破”包

含了灵感，但是又比灵感包含的内容更为广泛。大部分创造者提到的“瞬间突破”都和我们平常意义上的灵感、顿悟有相似的表现形式，以下现象都是“瞬间突破”的具体表现形式：“灵感”“突然想到”“捕捉住闪光的一瞬间”“瞬间的、美感的、知觉的捕获”“一下就开窍了”“偶然情境的触动”“偶然性”“一瞬间的结论”“悟性”“直觉的最终一跃”“内心突然被震动”。除此之外，还有一些创造者强调感觉对自身创造过程的重要作用，这一点被本研究纳入“瞬间突破”这个属性概念词中。创造者指出判断自己是否满意创造成果，是否达到了创造目标是基于“感觉上的对位”“直接、非体系的感觉”。这种“感觉上的对位”往往也是创造者能够在长时间思考之后得以突破的关键。我们把这些现象统称为“瞬间突破”。

例如，一个被试提到的例子：

“一幅作品一旦突破了，找到了跟内心对应的那种状态的时候，其他的可能就一下都通了。”

“从深层次上说，对任何事情从一开始你就会有一个直觉感受。比如说：当阅读那些解读老子的文章时，有时我会觉得对解读不满意，这实际上是我（现在回想），也就是说我读老子时，心中已经有了自己的感受，这是一种直觉上的感受……我觉得那不是老子的原意。而老子的原意是什么我会在直觉里找。”

虽然瞬间突破是创造性思维中最富有创造力的，但那种高效率只能是充分准备后的成果，它建立在一个长期的积累过程上。这个积累过程从最初明确目标开始，经历早期一系列以创造思维特点为依托的思考，中期应用具体的思维形式为载体（思维形式中尤其以抽象逻辑思维的应用为关键），在此之后才有可能产生瞬间的思维突破，以上所有的步骤构成一个完整的创造思维过程。这和韦林（Welling）的研究观点非常相似，韦林（2005）发表的文章中提出直觉不是一种简单的现象，它有不同的阶段过程；早期的知识积累会整合到直觉的产生过程中。本研究也证明了思维的特征主要是一个过程性展现过程，这个过程中瞬间突破是关键，并且只有思维的积累整合到思维过程之中后，才可能带来成功的创造。

另外，创造性思维还有外围的影响要素，本研究发现了天分和自身的兴趣这两个外围影响要素。虽然天分和兴趣不是思维本身的特征，但它们影响了思维的整个过程，很大限度上决定了创造性思维的发生，因此本研究将天分和兴趣作为最外围的环归入思维结构中。

## 第三节　人文社会科学与艺术创造者思维特征描述

进一步针对38位被试的访谈文本资料进行分析。对于主轴编码形成的21个概念词，凡是在被试文本资料中出现过的，就在该被试对应的概念词上计分为“1”，重复出现就累计加“1”，最后得到38个被试在21个概念词上的频次统计结果，见表3-1。

**表3-1　人文社会科学与艺术创造者思维特征概念词出现频次及排序**

| 核心类别 | 概念词 | 频次 | 占所有频次的比例（%） | 概念词比例排序 | 核心类别比例排序 |
|---|---|---|---|---|---|
| 思维的特点 | 思维的系统性 | 19 | 8.30 | 4 | |
| | 思维的综合性 | 24 | 10.48 | 1 | |
| | 类比迁移能力 | 12 | 5.24 | 9 | |
| | 思维的批判性 | 16 | 6.99 | 5 | |
| | 思维的连续性 | 23 | 10.04 | 2 | |
| | 思维的对比性 | 13 | 5.68 | 8 | |
| | 目标明确 | 10 | 4.37 | 10 | |
| | 求新求变 | 10 | 4.37 | 10 | |
| | 想象 | 2 | 0.87 | 18 | |
| | 思维的被激发性 | 2 | 0.87 | 18 | |
| | 思维的精确性 | 4 | 1.75 | 16 | |
| | 辩证思维 | 6 | 2.62 | 15 | |

续表

| 核心类别 | 概念词 | 频次 | 占所有频次的比例（%） | 概念词比例排序 | 核心类别比例排序 |
|---|---|---|---|---|---|
| 思维的特点 | 多向思考 | 2 | 0.87 | 18 | |
| | 思维的敏锐性 | 10 | 4.37 | 10 | |
| | total | 153 | 66.81 | | 1 |
| 思维的形式 | 围绕特定目标的发散思维 | 9 | 3.93 | 13 | |
| | 聚合思维 | 4 | 1.75 | 16 | |
| | 抽象逻辑思维 | 21 | 9.17 | 3 | |
| | 形象具体思维 | 2 | 0.87 | 18 | |
| | total | 36 | 15.72 | | 2 |
| 外围辅助因素 | 天分 | 8 | 3.49 | 14 | |
| | 兴趣 | 16 | 6.99 | 5 | |
| | total | 24 | 10.48 | | 3 |
| 核心因素 | 瞬间突破 | 16 | 6.99 | 5 | |
| | total | 16 | 6.99 | | 4 |

注：本表中 21 个概念词的具体含义在本节以下的讨论部分有详细阐释。

## 一、人文社会科学与艺术创造者思维过程特征的对比分析结果

将各个思维属性概念词按照被人文社会科学与艺术两部分的创造者提及的频次分别统计，具体计分方法为：只要某个思维属性概念词被某

位被试提及，那么就计该属性词为“1”，将两个领域的被试的结果累加，具体结果见表 3－2。百分比是将提及的被试人数除以该领域总被试人数所得。

**表 3－2　人文社会科学与艺术领域的被试思维特征概念词对比分析描述性结果**

| 思维特征概念词<br>人数及频次占比 | 思维的系统性 | 思维的综合性 | 类比迁移能力 | 思维的批判性 | 思维的连续性 | 思维的对比性 | 目标明确 |
|---|---|---|---|---|---|---|---|
| 人文社会科学领域（共 16 人） | 6 | 13 | 2 | 10 | 10 | 8 | 5 |
| 艺术领域（共 20 人） | 13 | 11 | 10 | 5 | 13 | 5 | 5 |
| 人文社会科学领域（％） | 37.5 | 81.25 | 12.5 | 62.5 | 62.5 | 50 | 31.25 |
| 艺术领域（％） | 65 | 55 | 50 | 25 | 65 | 25 | 25 |

| 思维特征概念词<br>人数及频次占比 | 求新求变 | 想象 | 思维的被激发性 | 思维的精确性 | 辩证思维 | 多向思考 | 思维的敏锐性 |
|---|---|---|---|---|---|---|---|
| 人文社会科学领域（共 16 人） | 5 | 0 | 1 | 3 | 2 | 1 | 5 |
| 艺术领域（共 20 人） | 5 | 2 | 1 | 1 | 4 | 1 | 5 |
| 人文社会科学领域（％） | 31.25 | 0 | 6.25 | 18.75 | 12.5 | 6.25 | 31.25 |
| 艺术领域（％） | 25 | 10 | 5 | 5 | 20 | 5 | 25 |

| 思维特征概念词<br>人数及频次占比 | 围绕特定目标的发散思维 | 聚合思维 | 抽象逻辑思维 | 形象具体思维 | 天分 | 兴趣 | 瞬间突破 |
|---|---|---|---|---|---|---|---|
| 人文社会科学领域（共 16 人） | 3 | 2 | 8 | 0 | 2 | 8 | 5 |
| 艺术领域（共 20 人） | 6 | 2 | 13 | 2 | 6 | 8 | 11 |

续表

| 思维特征概念词 / 人数及频次占比 | 围绕特定目标的发散思维 | 聚合思维 | 抽象逻辑思维 | 形象具体思维 | 天分 | 兴趣 | 瞬间突破 |
|---|---|---|---|---|---|---|---|
| 人文社会科学领域（%） | 18.75 | 12.5 | 50 | 0 | 12.5 | 50 | 31.25 |
| 艺术领域（%） | 30 | 10 | 65 | 10 | 30 | 40 | 55 |

对比分析可以看出，在这21个思维属性概念词中，对于“思维的综合性”“思维的批判性”“思维的对比性”“目标明确”“求新求变”“思维的被激发性”“思维的精确性”“多向思考”“思维的敏锐性”“聚合思维”“兴趣”11个属性，人文社会科学领域的创造者提及的频次高于艺术领域的创造者；其他10个属性概念词艺术领域的创造者提及的频次高于人文社会科学领域的创造者。

从图3－2、图3－3中可以清晰地看出两个领域的创造者关于思维过程中思维特征属性提及频次差异的情况。

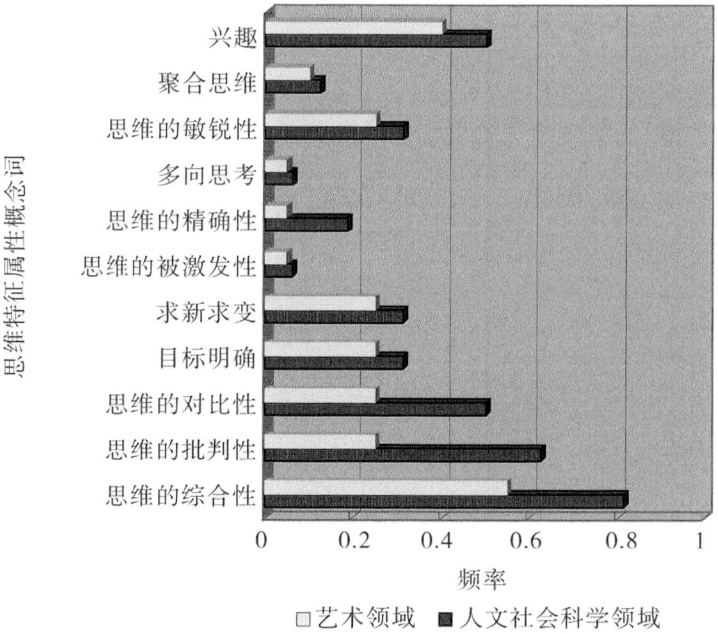


**图3－2　人文社会科学领域高于艺术领域的创造者思维过程中思维特征属性**

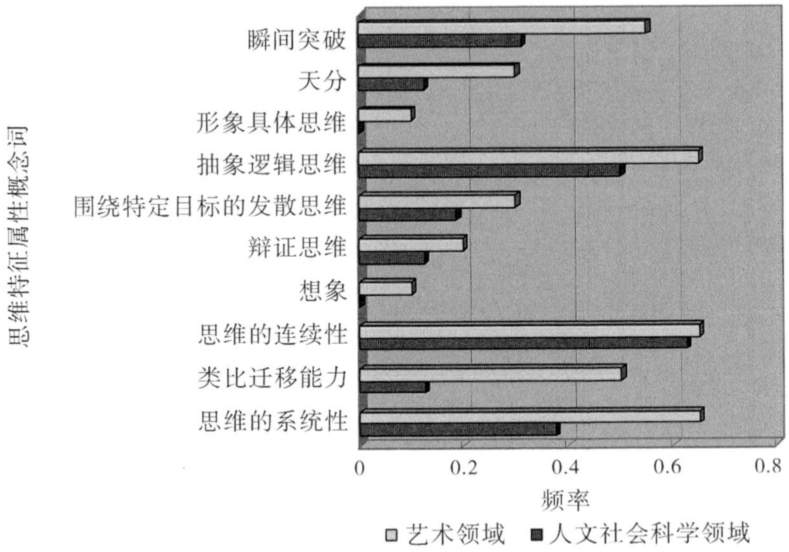


**图 3－3　艺术领域高于人文社会科学领域的创造者思维过程中思维特征属性**

## 二、人文社会科学与艺术创造者思维过程特征的差异检验

将 38 个被试按照领域不同分为两组，作为自变量，将 21 个思维属性概念词作为因变量，进行独立样本非参数检验，得到表 3－3 的结果。

**表 3－3　两类创造者在 21 个思维特征属性上的差异比较**

| 思维特征属性 | 类别 | 人数（N） | 平均值（M） | 标准差（SD） | 平均标准误（Std. Error Mean） | 标准值（Z） |
|---|---|---|---|---|---|---|
| 思维的系统性 | 人文社会科学 | 16 | 0. 38 | 0. 50 | 0. 13 | －1. 659 |
| | 艺术 | 20 | 0. 65 | 0. 49 | 0. 11 | |
| 思维的综合性 | 人文社会科学 | 16 | 0. 81 | 0. 40 | 0. 10 | 1. 724 |
| | 艺术 | 20 | 0. 55 | 0. 51 | 0. 11 | |
| 类比迁移能力 | 人文社会科学 | 16 | 0. 13 | 0. 34 | 8. 54E－02 | －2. 622 * |
| | 艺术 | 20 | 0. 50 | 0. 51 | 0. 11 | |

续表

| 思维特征属性 | 类别 | 人数(N) | 平均值(M) | 标准差(SD) | 平均标准误(Std. Error Mean) | 标准值(Z) |
|---|---|---|---|---|---|---|
| 思维的批判性 | 人文社会科学 | 16 | 0. 69 | 0. 48 | 0. 12 | 2. 837＊＊ |
| | 艺术 | 20 | 0. 25 | 0. 44 | 9. 93E－02 | |
| 思维的连续性 | 人文社会科学 | 16 | 0. 63 | 0. 50 | 0. 13 | －0. 151 |
| | 艺术 | 20 | 0. 65 | 0. 49 | 0. 11 | |
| 思维的对比性 | 人文社会科学 | 16 | 0. 50 | 0. 52 | 0. 13 | 1. 535 |
| | 艺术 | 20 | 0. 25 | 0. 44 | 9. 93E－02 | |
| 目标明确 | 人文社会科学 | 16 | 0. 31 | 0. 48 | 0. 12 | 0. 405 |
| | 艺术 | 20 | 0. 25 | 0. 44 | 9. 93E－02 | |
| 求新求变 | 人文社会科学 | 16 | 0. 31 | 0. 48 | 0. 12 | 0. 313 |
| | 艺术 | 19 | 0. 26 | 0. 45 | 0. 10 | |
| 想象 | 人文社会科学 | 16 | 0. 00 | 0. 00 | 0. 00 | －1. 453 |
| | 艺术 | 20 | 0. 10 | 0. 31 | 6. 88E－02 | |
| 思维的被激发性 | 人文社会科学 | 16 | 6. 25E－02 | 0. 25 | 6. 25E－02 | 0. 158 |
| | 艺术 | 20 | 5. 00E－02 | 0. 22 | 5. 00E－02 | |
| 思维的精确性 | 人文社会科学 | 16 | 0. 19 | 0. 40 | 0. 10 | 1. 222 |
| | 艺术 | 20 | 5. 00E－02 | 0. 22 | 5. 00E－02 | |
| 辩证思维 | 人文社会科学 | 16 | 0. 13 | 0. 34 | 8. 54E－02 | －0. 586 |
| | 艺术 | 20 | 0. 20 | 0. 41 | 9. 18E－02 | |
| 多向思考 | 人文社会科学 | 16 | 6. 25E－02 | 0. 25 | 6. 25E－02 | 0. 158 |
| | 艺术 | 20 | 5. 00E－02 | 0. 22 | 5. 00E－02 | |

续表

| 思维特征属性 | 类别 | 人数(N) | 平均值(M) | 标准差(SD) | 平均标准误(Std. Error Mean) | 标准值(Z) |
|---|---|---|---|---|---|---|
| 思维的敏锐性 | 人文社会科学 | 16 | 0.31 | 0.48 | 0.12 | 0.405 |
| | 艺术 | 20 | 0.25 | 0.44 | 9.93E-02 | |
| 围绕特定目标的发散思维 | 人文社会科学 | 16 | 0.19 | 0.40 | 0.10 | -0.759 |
| | 艺术 | 20 | 0.30 | 0.47 | 0.11 | |
| 聚合思维 | 人文社会科学 | 16 | 0.13 | 0.34 | 8.54E-02 | 0.231 |
| | 艺术 | 20 | 0.10 | 0.31 | 6.88E-02 | |
| 抽象逻辑思维 | 人文社会科学 | 16 | 0.50 | 0.52 | 0.13 | -0.892 |
| | 艺术 | 20 | 0.65 | 0.49 | 0.11 | |
| 形象具体思维 | 人文社会科学 | 16 | 0.00 | 0.00 | 0.00 | -1.453 |
| | 艺术 | 20 | 0.10 | 0.31 | 6.88E-02 | |
| 天分 | 人文社会科学 | 16 | 0.13 | 0.34 | 8.54E-02 | -1.292 |
| | 艺术 | 20 | 0.30 | 0.47 | 0.11 | |
| 兴趣 | 人文社会科学 | 16 | 0.50 | 0.52 | 0.13 | 0.586 |
| | 艺术 | 20 | 0.40 | 0.50 | 0.11 | |
| 瞬间突破 | 人文社会科学 | 16 | 0.31 | 0.48 | 0.12 | -1.436 |
| | 艺术 | 20 | 0.55 | 0.51 | 0.11 | |

注：* $p<0.05$，** $p<0.01$。

检验结果表明，仅仅在思维的批判性和思维的类比迁移能力这两个思维属性上，人文社会科学领域创造者和艺术领域创造者就表现出显著的差异，人文社会科学创造者更强调思维的批判性，艺术领域创造者则更强调思维的类比迁移能力。

## 三、创造性思维特点分析

我们总结出的思维特点有“思维的系统性”“思维的综合性”“类比迁移能力”“思维的批判性”“思维的连续性”“思维的对比性”“目标明确”“求新求变”“想象”“思维的被激发性”“思维的精确性”“辩证思维”“多向思考”“思维的敏锐性”14 种具体属性。在思维过程的不同阶段，这 14 种具体属性起不同的作用。

在一个思维过程的早期，发现问题的能力非常重要，这个时候目标明确、思维灵敏的品质对发现有价值的问题是非常重要的。因此在思维过程早期，创造性思维强调敏锐性、目标明确性这两种特性。

当明确目标之后，就开始艰苦而漫长的思维过程。在这个过程中，一些思维特点起非常重要的作用：思维的综合性、思维的连续性、思维的系统性、思维的批判性、思维的对比性、类比迁移能力都是被试提及频率较高的几个思维特点。

已有研究表明个体的知识结构和专业背景都和创造力相关，精通两种专业的人往往较富有创造力（Simonton，1991）。此点在本研究中也得到了一定的证实，被试强调“理科思维”“多学科角度看问题”都能够很好地帮助他们找到更好的思考方法。24 位被试提及了思维的综合性这个思维特征，是所有思维特点中提及率最高的一个思维特点。思维的综合性在这里除了指学科间的综合以外，还包含其他一些综合形式：与前人研究的综合、个人积累的不同方面的综合。它表现为这样一些现象：“学术积累延伸”“继承基础上的推进”“看、读中的发现”“你越做就越有经验，这也是你的积累”。

思维的连续性被 23 名被试提及，它也是创造思维中非常重要的一个思维特点。在这里思维的连续性强调创造思维是一个不停歇的思考状态。思考是一个不间断的过程，也是一个发散思维的过程，发散中思考目标切合时，就定格，体现辐合思维的过程，因此创造性思维过程是发散思维和辐合思维共同作用的过程，这一结果被再次证实（Zhu，2019）。这个不间断的过程表现在一旦一个问题没有想清楚之前，思维总是处于激活或者待激活状态，思维随时都有可能被激发，这是研究结果提到的另一个思维特点，被激活性处于较高水平。比如说一位被试提到的："始终都在想。始终在想，当然吃饭的时候会中断，但是心里头老有事情，惦记着这事，那些东西像放电影一样"。思维的连续性还表现在另一方面，创造者的思维总是保持活跃状态，他们认为没有绝对创造性的作品，任何一个作品都是前面的延续，后面的作品又是前一个作品的延续。

思维的系统性是指思维过程不仅仅限于创造目标和内容本身的一些因素，思维还扩大到以整个生活为背景的系统中去考虑。这个思维特点有19名被试提及。比如一位被试提到的："另外一个条件是你必须要关注真实生活中的问题，我觉得这也是一个必要条件""当代人写当代的诗，一定要处理身边的事物，处理日常的经验，处理自己对生活的基本感受"。思维的系统性实际上是强调一个对生活有体会、对生活有认识的个体才可能取得创造性的成就，因为创造本身就来自生活，而最终又必将还原到生活中去。

思维的综合性、连续性和系统性都是比较侧重于宏观的思维特点的描述，对于微观的思维特点，创造性思维比较强调思维的对比性、批判性以及类比迁移思维的能力。

思维的类比迁移能力，也可以说是思维的类比性是指一种新的信息、新奇方法或是有创意的点子，它的产生必须是把旧的知识带入到新的情境中，以一定的选择方式将其和新的事物重新组合起来。选择的过程就是剔除原有信息中不相干的信息，选择建立新信息的过程。这个过程也可以认为是一个类推过程，类推与创造力的关系一直为人们所认可。在本研究中有12位被试提及类比迁移的思维特点。本研究中的中国效标群体样本充分证明类推能力与创造力的密切关系。

本研究结果还列出一个思维对比性的思维特点。思维对比性是指创造者在分析和解决具体问题时通常借助比较的手段，通过对两个对象、两个方案、两种可能在相同层次上的比较并加以选择的过程。比如被试提到的

“抒情的跟凶狠的绝对是两回事，英俊的跟优美的绝对不是一回事，诙谐的、滑稽的、蹦蹦跳跳的跟绵长的、很缠绵的绝对不是一回事。那么我们作曲的手段呢，就要把这些东西分门别类的有所表达”。对比不同于类推中的一个由此到彼的过程，对比强调比较、分析，类比迁移注重迁移、注重转换。

思维的批判性也是先前研究中多次加以证明的一个重要的思维特点，在本研究中的中国效标群体样本上也得到了充分证明。

## 四、思维形式的特征

心理学家认为创造性思维是多种思维形式的综合表现。它既是发散思维和辐合思维的结合，也是直觉思维与分析思维的结合（彭聃龄，2001；金盛华，1992）。在本研究中，我们通过对质性文本的深入分析，也发现了思维形式的多样性，显示出创造性人才的思维特征是发散思维与辐合思维、抽象逻辑思维和具体形象思维共同作用的过程。

但是不同的思维形式在创造思维过程中的重要性却大为不同，对创造思维来说，更为强调抽象逻辑思维的重要作用。这和沃德（Ward，2004）通过实验研究证明的结果相一致。在我们的研究中，提到抽象逻辑思维的被试有 21 位，但是提到形象具体思维的仅仅有 2 位。创造性思维的思考对象一般都是较为复杂和深入的问题，需要有逻辑的推理分析过程，因此对抽象逻辑思维能力的高要求是创造性思维的必然。同时值得注意的是强调形象具体思维的两位被试都是艺术领域的创造者，可见对艺术领域的人才来说，更强调抽象逻辑思维和形象具体思维的兼顾，因此也启发教育机构要注重对艺术领域人才形象具体思维的培养。

围绕特定目标的发散思维一直是创造性思维的核心之一，目前许多针对创造性思维的测量研究仍然以发散思维的几个特征的测量为主要手段。本研究通过质性研究的分析方式也验证了发散思维对创造性的重要作用。38 名被试中有 9 名被试在 12 处提及发散思维的特点对自己思考过程的作用，而远远高于辐合思维仅仅被 2 名被试提及，数字差别很大。同时在本研究中，研究者还发现，发散思维非常关注围绕特定目标的发散，发散一定是在目标明确的基础上，多向的、多角度的、无限制的思考。这里的发散思维强调思维的形式，而前面提到的多向思考更多的是描述思维特点，并且发散思维除了指思维上多方向、多角度思考以外，还包含思维的无限性向度，比多向思考包含更广泛的内容。比如其中一位被试想创作一个钢琴协奏曲时，“各种观念啊、故事啊，或者是经历啊，就像 24 小时放电影一样乱放，都会闪现于头脑中，但是同时要找寻的目标始终明确”，因此在他的思维上就表现为：在脑子里面回忆自己想得起来的所有的钢琴协奏曲，同时再找一些自己没有听过的，和刚才提到的这些经典的、人人都知道的不一样的，再来听，每个过程都在时刻明确自己的目标。

## 第四节　人文社会科学与艺术创造者思维过程中思维特征的比较

本研究分领域对 38 名被试的思维特点和思维形式进行了比较分析，发现人文社会科学领域的创造者更强调思维综合性、思维批判性、思维对比性、思维目标性、求新求变、思维激发性、思维精确性、多向思考、思维敏锐性、聚合思维。艺术领域的创造者则更强调思维的系统性、类比迁移思维、思维的连续性、想象、辩证思维、发散思维、抽象逻辑思维、形象具体思维。综合上述结果，我们可以发现以上两个领域的创造者所强调的思维特点各有不同，而在样本量并不是很大的情况下，思维的类比性和思维的批判性更是达到显著差异水平。

人文社会科学领域创造性成就的取得非常强调思维中的批判性这一特点，这应当与以下因素有关：当今学术研究水平越来越高，研究的问题也越来越深入，要想取得创造性的成就就必须勇于打破原有的已经比较完善的体系，敢于怀疑和推翻，因此非常强调思维中的批判性。

而类比思维更多被艺术领域的创造者强调，这应该跟艺术领域的创造大多来自生活又高于生活有关。他们的创造通常和我们的真实世界有密切的关系，这种过程要求有很高的迁移和转换能力，因此艺术领域的创造者对类比思维能力的要求更高。

另外，在前文提及的两个创造性思维的外围影响因素（兴趣和天分）中，兴趣无论对人文社会科学领域还是艺术领域的创造者都有重要作用，但艺术领域的创造者更强调天分的重要作用。这一点跟我们大多数人的认识基本一致——从事与艺术相关的工作，很多时候其成就的高低取决于个人的天赋。本研究结果启发我们，其实具有艺术天分的人才也有很多，因此在艺术人才的培养方面，应该更多地探讨天赋被挖掘出来的原因，加以积极地干预及引导，从而帮助他们获得创造性的突破。

而人文社会科学领域的研究虽然也要求一定的天分，但对兴趣的要求远远高于对天分的要求。本研究中的 38 名被试中，提到天分的有 2 位，但有 8 位提到兴趣的重要作用。同时，考虑兴趣很多时候也是可以培养的，因此在培养人文社会科学领域的创造者时，我们可以从这点出发对其进行干预引导，帮助他们在该领域获得创造性的突破。

# 第四章　人文社会科学与艺术创造者和文科与艺术学科大学生创造性思维品质的比较

本章通过比较分析高创造性成就人才与领域新手的创造性思维品质，进一步揭示高创造性成就人才的思维特点。

## 第一节　研究方法介绍

### 一、研究被试

高创造性成就的人才来自本研究中的38名访谈对象，测验安排在访谈之后。在征求访谈被试的意见后，有28名被试自愿参加该实验研究。

同领域的新手来自某大学从大一到研究生三年级的学生，为了和人文社会科学与艺术高创造性成就人才相对应，研究者只选择文科和艺术两类学科的大学生。

被试的具体情况见表4－1。

**表4－1　被试的具体分布**

| 被试类型 | 人数(N) | 性别(Sex) | | 领域(Major) | | 年龄(age) |
|---|---|---|---|---|---|---|
| | | 男 | 女 | 社科 | 艺术 | |
| 创造性人才 | 28 | 23 | 5 | 12 | 16 | 46～101 |
| 学科大学生 | 30 | 14 | 16 | 18 | 12 | 17～27 |

## 二、研究步骤

### （一）步骤1：研究内容的确定和测验工具的选取

思维品质主要包括敏捷性、灵活性、深刻性、独创性和批判性五个方面。这五个方面反映人与人之间思维的个性差异，是判断智力特点的重要指标。对高创造力个体来说，其思维特点的核心为发散思维，具有流畅性、变通性、独创性的特点。本研究选取的比较指标就是思维的敏捷性、灵活性、深刻性和独创性四个方面。

目前创造力的测验主要有三个常用的实验范式，分别是南加利福尼亚大学测验、托兰斯创造思维测验、芝加哥大学创造力测验。所有的研究虽然设计了不同的题目和活动，但其中都含有词汇联想的测验。考虑本研究被试的特殊性，不适合进行题目较多的测验，因此本研究只选用词汇联想测验作为思维品质数据收集的主要方法。

词汇联想测验，就是在主试说出一个特定的引导词之后，请被试在特定的时间内，尽可能多地说出自己针对这个引导词汇所想到的其他词汇，最后将被试说出的所有词汇作为评价被试思维品质的原始数据信息。在这个测验中，引导词的选取是最为关键的，对两个群体的被试来说，不同的生活经历和不同的知识阅历，都有可能对被试的词汇联想带来影响，从而导致实验信息收集的偏差，因此引导词的选取应该尽量是中立的，不会受到群体特征的限制和影响，尽量保证词汇联想的任务对两个群体被试来说，完成的是“同一任务”。研究者最终选择比较中立，但同时又是被试群体生活中常见的一个物品“书架”作为引导词。

### （二）步骤2：测验的实施

测验的具体实施安排在访谈之后，在征得被试同意之后。首先宣读指导语，给被试讲解实验过程，在确认被试明白测验过程之后，开始正式进行测验。

测验的终止方式为：什么时候被试在30秒钟之内，仍然没有想到新的词汇，就可以告知被试测验结束；或者被试在一定联想之后自行告知主试自己想不到了，测验也即时停止。

### （三）步骤3：测验效度的保证

对于人文社会科学与艺术的创造者，由于该测验是在访谈之后进行的，研究者和各位创造者已经有了比较纵深的沟通，建立了比较良好的互动关系，因此可以比较有效地保证词汇联想测验的有效性。

对于大学生被试，在没有任何互动的情况下，直接让被试只做一个词语联想测验，可能会由于时间很短，被试的投入度无法保证，从而导致收集到的数据有效性无法得到很好的保证。因此在针对大学生被试进行词汇联想测验时，在进行词汇联想测验之前，首先会让大学生被试做一个由五个题目组成的学习情况调查表，其次开始词汇联想测验。并且在词汇联想测验之后，还要让大学生被试选择任意两个词解释一下为什么想到这个词，最后再编一个有关书架的故事。无论是做词汇联想测验，还是解释原因，或是编故事都要用录音笔全程录音。

最后进入分析的仅仅是词汇联想测验中联想到的词汇。

### （四）步骤4：编码系统

（1）思维的敏捷性

思维的敏捷性是指思维主体在思维过程中对客观世界能做出快速敏锐的反应，反映了思维活动的反应速度和熟练程度，它是思维过程的速度指标。有了思维的敏捷性，在处理问题和解决问题的过程中，能够适应迫切的情况来积极地进行思维活动及周密地思考，正确地判断和做出结论。思维的敏捷性主要表现在解决问题的过程中思考的速度、解决问题的应变能力。思维的敏捷性是否考虑正确的程度，在不同的研究中有不同的界定，本研究由于思维任务是特定词汇的自由联想，对联想到的词汇没有对错之分，因此本研究中思维敏捷性的评价指标为被试在特定时间内，联想到的词汇的个数。

（2）思维的灵活性

思维的灵活性是思维品质中思维广度的一个客观指标，是思维活动中智力的灵活程度的指标。具体指从不同角度、方向、方面，用多种方法来解决问题的能力。在本研究中，将被试所有联想到的词汇依照思维灵活性编码方法（具体编码过程见下文）加以分类，得到六类联想词汇，将每个被试联想到的词汇的类型数作为思维灵活性的测量指标。

思维灵活性的编码过程如下所述。

①从所有被试联想到的471个词汇中，随机选取50个词汇。

②研究者本人和一位受过心理学训练的研究生独立依照这50个词汇和书架（词汇联想测验的引导词）关系的不同将这些词汇分类，进行试编码。

③计算两位编码者分类的一致性。

④讨论其中不一致的词汇，讨论仍不能统一意见的，请第三人进行再次编码，最终达到一致意见。

⑤试编码之后，给分成类别的词汇，按照类别命名。从具体到抽象，从书架本身到深度不同的其他事物，将联想到的词汇分为六类，分别是实物联想、具体特征联想、抽象特征联想、关系联想、延伸联想和行为联想。

**所有被试提及的词汇分类如下。**

**实物联想：**

书、格言、名人、名人事迹、藏书、阅览室、写字台、台灯、字画、图、图书馆、书的脊背、书的内容、电脑、机房、包书纸、历史书、哲学书、英语书、钢琴书、文学名著、教科书、杂志、小说、复印资料、盒子、相册、床头、袋子、熊、枕头、台灯、显示器、照片、词典、小说、衣柜、柜的样式、书签、灰尘、课桌、树藤、眼镜、橱窗、百科全书、书桌、笔、文学艺术、家的书房、寝室、书店、商店、笔、桌子、纸、砚台、椅子、水杯、茶、花、床、房子、花园、闹钟、工艺品、文具、毛绒小猪、宿舍、羽毛球、故事书、光盘、借阅处的柜子、旧书、《史记》《诗经》《红楼梦》、笔筒、床、电脑、电脑桌、被子、电灯、学校、教室、洗漱架、笔筒、纸、玻璃、钉子、报纸、玩具、房间、电话、架子、阳台、窗帘、蛋糕、冰箱、厨房、蔬菜、大街、凉面、凉粉、电视、沙发、舞蹈的书、相关门类的书、英文书、工具书、书柜、书、画册、小说、外国小说、文学理论、家具、图书、卡片、录音机、门窗、字、词、语言文学、经济学、《水浒传》《三国演义》、语言学、办公室、房间、文学的书、茨威格的小说、画册、乱七八糟的东西、资料、黑沉沉的房间、老式的3层楼的房子、大楼顶的那种房子、书房、铅笔、书法、作品、花、镜台、花瓶、录像机、电视、画、盒子藏书、衣架。

**特征联想：**

摆设、颜色、层数、空间、色调、布局、整齐、黄色的书柜、木头、黑色、结实、朴实、分量、重量、又黑又重、木制书架、铁制书架、有把手的书架、没把手的书架、大书架、小书架、四层书架、有门窗的书架、玻璃门的书架、上保险柜的书架、矮书架、高书架、带花色的书架、乱七八糟、背负、密、单调的、整齐、老旧、高、盛书的书架、沉、压腿的栏杆、木材。

**虚物联想：**

工作人员、看书的人、同学、学校、高中、家人、朋友、房间的摆设、童年、草稿、下学期、放假、图书管理员、我妈、人、课堂、老师、优秀的老师、教育、英语、精神分析、管理学、教育学、语言、语文、文学、文豪、林语堂、小女孩、生产书的工厂、作家、父母、老师、孙子、装饰（品）、音乐、鲁迅、陈梦家、语言学、工人、搞书架的人、木匠、给你服务的人、城墙、风景、电视剧、电影、市场。

**关系联想（抽象特征）：**

理想、博学、灵魂、智慧、渊博、丰富、书的价值、能力、生存、生活、人生的意义、社会奉献、理想、奋斗、困难、历史、最亲密的伙伴、知识的宝库、知识的来源、非常实用的东西、学问、知识就是力量、审美的愉悦、我的脑子、基础、沉重、学问、文化来源、富有、梦想的地方、最好的伴侣、知识的海洋、情趣、方便、好朋友、历史、最爱、美好的东西、文化背景。

**延伸联想：**

QQ、窗户、阳光、绿树、遥远、兔子、大小、鸟叫、颜色、色调、由空想到实现、经典、时间、人生、精神、纯真、苦难、人生、空虚、温馨、典雅、安静、恬淡、明亮、蓝大褂、地方、和谁在一起、循环、电影、导演、奥斯卡奖、调查、作文、一等奖、奖励、辛苦、知识、世界、天地、成功、幸福、钱、郁闷、国家、时空、地球、老鼠、地震、海啸、黑洞、宇宙的运动、翻转、世界、摆起来、感觉、世纪、脚踏实地、开创性、古代、现代、文化、思想、道德、同和异、学派、学术、石头、阴暗的、光线昏暗的那个地方、生疏、快乐、书卷气、脆弱、生命、生活、适合、满是书的书架、面对巨大的客厅的书架、不存在的房子的书架、天空中的书架、田野中的书架、比书房还大的书架、凝望、上升、展开、翻滚、奇迹、空白、燃烧、漂白、漂流、波动、站立、结构、安静、中国文化、融合、转化、前进、超越、爱干净、漂亮、收藏感、小狗、分工、家、车架、车筐、车灯、咖啡、合利屋（餐厅）、烤鸡饭、楼梯、砖头、十字架、一座山、日剧、明星、日语、自己的空间、阴凉的、给我很舒服的感觉、考试、借书证、铅笔、笔袋、小刀、橡皮、试卷、题目、有事、出门、见面、健康身体、散文。

**行为联想：**

阅读、思考、借、学习、高考、玩儿、走、写作、构思、搬家、遗憾、上课、逃课、上网、看电影、买笔、看书、学习、书乱了、改变目标、整理书、书整齐了、人在书房喝茶、休息、出神、卖书、考研、沉思、工作、研究、躺着、逛街、背书、写字、放书、运书、锻炼身体、书写、创造、继承、发扬、记忆、丧失、传承、理解、认识、积累、写诗、使用、负担、收藏、尊敬、帮助、奉献、设计、吞噬。

⑥研究者本人和一位受过心理学训练的研究生一起对所有被试联想到

的 471 个词进行分类，分别归到以上的六类之中，每个词汇只允许归到一个类别当中。

⑦计算两位评分者的评价一致性系数。

⑧参照最终的归类表，将每位被试想到的词汇按照类别加以统计，获得每位被试联想到的词汇的类型数。

（3）思维的深刻性

思维的深刻性是人的抽象逻辑思维能力的考核指标，深刻性集中表现在善于深入地思考问题、抓住事物的规律和本质、预见事物的发展过程。本研究中思维的深刻性体现在被试自由联想到的词汇的深度。

研究中，除了研究者本人，还请了两位受过心理学训练的研究生参与深度评分。具体的操作步骤如下所述。

①请三位评分者初看所有被试联想到 471 个词汇。

②请三位评分者同时对这 471 个词汇的深刻性进行 3、2、1 程度的打分。3 代表深刻性最高，1 代表深刻性最低。

③计算三位评分者的评分一致性系数。

④将三位评分者对某词汇评分的平均分作为某词汇的深度分值。

⑤将每个被试所联想到的词汇当中，深度分值最高的词的分值作为该被试的思维深刻性得分。

（4）思维的独创性

独创性是指独立思考创造出有社会或者个人价值的具有新颖性成分的智力品质。独创性强调的是在解决问题的过程中产生独特和新颖想法的智力品质。在本研究中，58 名被试自由联想到的词汇多达 471 个，其中有些词汇难免被不同的被试重复联想到，重复的程度从反向反映了一个被试思维独创性的指标。因此本研究用一个被试在其所有提及的词汇中含有的与他人重复的词汇的个数作为思维独创性的计分指标，分数越高表明思维独创性程度越低，分数越低表明思维独创性越高。具体评分规则为，每位被试所联想到词汇中每有一个词汇和其他被试联想到的词汇有重复就记 1 分，分数累计，以最后的分数作为该被试思维独创性的反向评价指标。

### （五）步骤5：分数合成

将每个被试的敏捷性指标——自由联想的词汇的个数、灵活性指标——自由联想的词汇的类型数、深刻性指标——自由联想的词汇中的深度分数最高的分值、独创性指标——联想到的词汇中有重复的词汇的个数，计入Excel软件中。

## 三、数据整理分析

几位评分者的数据编码过程使用Excel软件完成，最后将合成分数转换成SPSS数据，进行描述性分析和方差分析。

# 第二节　两类人才的思维品质描述性分析

## 一、信度检验

### （一）思维灵活性编码信度

计算两位评分者一致性信度系数 alpha =0.935，达到较高信度水平。

### （二）思维深刻性编码信度

计算三位评分者一致性信度系数 alpha =0.7078 ，该信度系数虽然不是很高，但在评分者需要评价471个词汇的情况下，这个信度系数基本达到可接受程度，因此评价结果有效，最终将三个评分者评价的平均分作为每个联想词汇深度的指标。

## 二、描述性结果

### （一）思维敏捷性的结果

以被试联想到的词汇个数作为思维敏捷性的指标，被试思维敏捷性的思维特征的具体研究结果见表4－2。

表4－2　思维敏捷性描述性结果

| 被试类型 | 人数（N） | 最小值（Min） | 最大值（Max） | 平均值（M） | 标准差（SD） |
|---|---|---|---|---|---|
| 创造性人才 | 28 | 2 | 16 | 8.79 | 5.626 |
| 学科大学生 | 30 | 4 | 27 | 8.33 | 3.925 |
| 合计 | 58 | 2 | 27 | 8.55 | 4.784 |

## （二）思维灵活性的结果

以被试联想到的词汇类型数（个数）作为思维灵活性指标，被试思维灵活性的具体研究结果见表4－3。

表4－3　思维灵活性描述性结果

| 被试联想词分类 | | 人数（N） | 最小值（Min） | 最大值（Max） | 平均值（M） | 标准差（SD） |
|---|---|---|---|---|---|---|
| 创造性人才 | 联想类型数 | 28 | 0 | 7 | 3.21 | 1.449 |
| | 实物联想个数 | 28 | 0 | 10 | 2.33 | 2.373 |
| | 具体特征联想个数 | 28 | 0 | 13 | 1.11 | 2.529 |
| | 抽象特征联想个数 | 28 | 0 | 6 | 0.75 | 1.506 |
| | 关系特征联想个数 | 28 | 0 | 4 | 0.93 | 1.215 |
| | 延伸联想个数 | 28 | 0 | 11 | 1.18 | 2.435 |
| | 行为联想个数 | 28 | 0 | 13 | 2.36 | 3.082 |
| 学科大学生 | 联想类型数 | 30 | 1 | 5 | 2.90 | 1.155 |
| | 实物联想个数 | 30 | 0 | 14 | 3.83 | 2.866 |
| | 具体特征联想个数 | 30 | 0 | 5 | 0.47 | 0.973 |
| | 抽象特征联想个数 | 30 | 0 | 5 | 0.93 | 1.311 |
| | 关系特征联想个数 | 30 | 0 | 8 | 0.37 | 1.474 |

续表

| 被试联想词分类 | | 人数（N） | 最小值（Min） | 最大值（Max） | 平均值（M） | 标准差（SD） |
|---|---|---|---|---|---|---|
| 学科大学生 | 延伸联想个数 | 30 | 0 | 6 | 1.03 | 1.829 |
| | 行为联想个数 | 30 | 0 | 9 | 1.60 | 2.328 |
| 合计 | 联想类型数 | 58 | 0 | 7 | 3.05 | 1.303 |
| | 实物联想个数 | 58 | 0 | 14 | 3.11 | 2.723 |
| | 具体特征联想个数 | 58 | 0 | 13 | 0.78 | 1.901 |
| | 抽象特征联想个数 | 58 | 0 | 6 | 0.84 | 1.399 |
| | 关系特征联想个数 | 58 | 0 | 8 | 0.64 | 1.373 |
| | 延伸联想个数 | 58 | 0 | 11 | 1.10 | 2.125 |
| | 行为联想个数 | 58 | 0 | 13 | 1.97 | 2.721 |

### （三）思维深刻性的结果

以被试联想到的词汇的深刻程度的打分作为思维深刻性的指标，被试思维深刻性的具体研究结果见表 4－4。

**表 4－4　思维深刻性描述性结果**

| 被试联想词分类 | | 人数（N） | 最小值（Min） | 最大值（Max） | 平均值（M） | 标准差（SD） |
|---|---|---|---|---|---|---|
| 创造性人才 | 实物联想深度分数 | 28 | 0 | 2.67 | 1.4993 | 0.7454 |
| | 具体特征联想深度分数 | 28 | 0 | 3.00 | 0.8221 | 1.0567 |
| | 抽象特征联想深度分数 | 28 | 0 | 2.67 | 0.7386 | 1.1096 |
| | 关系特征联想深度分数 | 28 | 0 | 2.67 | 1.2379 | 1.2664 |
| | 延伸联想深度分数 | 28 | 0 | 3.00 | 1.7504 | 1.2949 |
| | 行为联想深度分数 | 28 | 0 | 3.00 | 0.9646 | 1.3379 |
| | 平均联想深度分数 | 28 | 1.67 | 3.00 | 2.6439 | 0.3507 |

续表

| 被试联想词分类 | | 人数（N） | 最小值（Min） | 最大值（Max） | 平均值（M） | 标准差（SD） |
|---|---|---|---|---|---|---|
| 学科大学生 | 实物联想深度分数 | 30 | 1.33 | 3.00 | 1.8447 | 0.4781 |
| | 具体特征联想深度分数 | 30 | 0 | 2.33 | 0.4447 | 0.7292 |
| | 抽象特征联想深度分数 | 30 | 0 | 3.00 | 0.9773 | 1.0891 |
| | 关系特征联想深度分数 | 30 | 0 | 3.00 | 0.3110 | 0.8251 |
| | 延伸联想深度分数 | 30 | 0 | 3.00 | 1.1660 | 1.2084 |
| | 行为联想深度分数 | 30 | 0 | 2.67 | 0.8450 | 1.0825 |
| | 平均联想深度分数 | 30 | 1.33 | 3.00 | 2.3330 | 0.4640 |
| 合计 | 实物联想深度分数 | 58 | 0 | 3.00 | 1.6779 | 0.6401 |
| | 具体特征联想深度分数 | 58 | 0 | 3.00 | 0.6269 | 0.9141 |
| | 抽象特征联想深度分数 | 58 | 0 | 3.00 | 0.8621 | 1.0960 |
| | 关系特征联想深度分数 | 58 | 0 | 3.00 | 0.7584 | 1.1508 |
| | 延伸联想深度分数 | 58 | 0 | 3.00 | 1.4481 | 1.2743 |
| | 行为联想深度分数 | 58 | 0 | 3.00 | 0.9028 | 1.2032 |
| | 平均联想深度分数 | 58 | 1.33 | 3.00 | 2.4831 | 0.4386 |

### （四）思维独创性的结果

以被试联想到的词汇中有重复的词汇的个数作为思维独创性的反向指标，具体的思维独创性的结果见表4－5。

**表4－5　思维独创性描述性结果**

| 被试类型 | 人数（N） | 最小值（Min） | 最大值（Max） | 平均值（M） | 标准差（SD） |
|---|---|---|---|---|---|
| 创造性人才 | 28 | 0 | 6 | 1.75 | 0.30 |
| 学科大学生 | 30 | 0 | 9 | 3.77 | 0.42 |
| 合计 | 58 | 0 | 9 | 2.79 | 0.29 |

# 第三节　两类人才思维品质的量化比较

## 一、人文社会科学和艺术两个领域的创造者创造性思维品质的比较

研究中创造者来自两个领域，一个是人文社会科学领域，另一个是艺术领域。将创造性杰出人才的专业领域作为自变量，将思维品质的敏捷性、灵活性、独创性和深刻性分别作为因变量，进行假设检验。根据思维品质的敏捷性、灵活性、独创性和深刻性数据的特征，对思维的敏捷性、灵活性和独创性应用独立样本非参数检验，结果见表4-6。对思维的深刻性进行简单方差分析，结果见表4-7。

**表4-6　人文社会科学与艺术领域的创造者三项思维品质的独立样本检验**

| 思维属性 | 被试分类 | 人数（N） | 秩和（Sum of ranks） | 标准值（Z） | 显著性（Sig.） |
|---|---|---|---|---|---|
| 敏捷性 | 1 | 11 | 161.50 | -0.094 | 0.925 |
| | 2 | 17 | 244.50 | | |
| 灵活性 | 1 | 11 | 129.00 | 1.438 | 0.138 |
| | 2 | 17 | 277.00 | | |
| 独创性 | 1 | 11 | 162.00 | 0.903 | 0.903 |
| | 2 | 17 | 244.00 | | |

注：1——人文社会科学领域的创作者；2——艺术领域的创作者。

**表4-7　人文社会科学与艺术的创造者思维深刻性差异的方差分析**

| 项目 | 平方和（Sum of square） | 自由度（df） | 均方（Mean Square） | 差异检验值（F） | 显著性（Sig.） |
|---|---|---|---|---|---|
| 组间差异 | 1.251E-02 | 1 | 1.251E-02 | 0.098 | 0.756 |
| 组内差异 | 3.309 | 26 | 0.127 | — | — |

续表

| 项目 | 平方和（Sum of square） | 自由度（df） | 均方（Mean Square） | 差异检验值（F） | 显著性（Sig.） |
|---|---|---|---|---|---|
| 总体 | 3.321 | 27 | — | — | — |

研究结果显示，人文社会科学和艺术两个领域的创造性杰出人才在思维品质的敏捷性、灵活性、深刻性和独创性四个维度上没有显著差异。

## 二、文科和艺术两个学科的大学生创造性思维品质的比较

同样，将参加研究的大学生被试的学科作为自变量，将思维品质的敏捷性、灵活性、独创性和深刻性分别作为因变量，进行假设检验。根据思维品质的敏捷性、灵活性、独创性和深刻性数据的特征，对思维的敏捷性、灵活性和独创性应用独立样本非参数检验，结果见表4－8。对思维的深刻性进行简单方差分析，结果见表4－9。

**表4－8　文科和艺术两个学科的大学生三项思维品质的独立样本检验**

| 思维属性 | 被试分类 | 人数（N） | 秩和（Sum of ranks） | 标准值（Z） | 显著性（Sig.） |
|---|---|---|---|---|---|
| 敏捷性 | 1 | 22 | 355.50 | －0.68 | 0.493 |
| | 2 | 8 | 109.50 | | |
| 灵活性 | 1 | 22 | 313.50 | －1.34 | 0.181 |
| | 2 | 8 | 151.50 | | |
| 独创性 | 1 | 22 | 348.00 | 0.740 | 0.740 |
| | 2 | 8 | 117.00 | | |

注：1——文科大学生；2——艺术大学生。

**表4－9　文科和艺术两个学科的大学生思维深刻性差异的方差分析**

| 项目 | 平方和（Sum of square） | 自由度（df） | 均方（Mean Square） | 差异检验值（F） | 显著性（Sig.） |
|---|---|---|---|---|---|
| 组间差异 | 0.018 | 1 | 0.018 | 0.081 | 0.777 |

续表

| 项目 | 平方和（**Sum of square**） | 自由度（**df**） | 均方（**Mean Square**） | 差异检验值（**F**） | 显著性（**Sig.**） |
|---|---|---|---|---|---|
| 组内差异 | 6. 227 | 28 | 0. 222 | — | — |
| 总体 | 6. 245 | 29 | — | — | — |

研究结果显示，文科专业的大学生和艺术专业的大学生在思维品质的敏捷性、灵活性、深刻性和独创性四个维度上没有显著差异。

## 三、人文社会科学与艺术创造者和相应学科的大学生创造性思维品质的比较

从前文的两个分析结果可以发现，学科的不同并没有对两个被试群体的思维品质的差异造成影响，因此将不同学科的被试的数据合并在一起，将杰出人才被试编码为1，将大学生被试编码为2，作为自变量，将思维品质的敏捷性、灵活性、独创性和深刻性分别作为因变量，进行假设检验。根据思维品质的敏捷性、灵活性、独创性和思维深刻性数据的特征，对思维的敏捷性、灵活性和独创性应用独立样本进行非参数检验，结果见表4－10。对思维的深刻性进行简单方差分析，结果见表4－11。

**表4－10　创造者与大学生三项思维品质的独立样本检验**

| 思维属性 | 被试分类 | 频次（N） | 秩和（**Sum of ranks**） | 标准值（**Z**） | 显著性（**Sig.**） |
|---|---|---|---|---|---|
| 敏捷性 | 1 | 28 | 161. 50 | －0. 188 | 0. 851 |
| | 2 | 30 | 244. 50 | | |
| 灵活性 | 1 | 28 | 129. 00 | 0. 577 | 0. 563 |
| | 2 | 30 | 277. 00 | | |
| 独创性 | 1 | 28 | 162. 00 | －3. 563 | 0 |
| | 2 | 30 | 244. 00 | | |

注：1——创造者；2——大学生。

表 4－11　创造者与大学生思维深刻性差异的方差分析

| 项目 | 平方和（Sum of square） | 自由度（df） | 均方（Mean Square） | 差异检验值（F） | 显著性（Sig.） |
|---|---|---|---|---|---|
| 组间差异 | 1.400 | 1 | 1.400 | 8.197 | 0.006 |
| 组内差异 | 9.566 | 56 | 0.171 | — | — |
| 总体 | 10.966 | 57 | — | — | — |

研究结果显示，人文社会科学与艺术创造者和相应学科的大学生在思维品质的敏捷性、灵活性两方面没有显著差异，但是在思维的深刻性、独创性两方面差异显著，创造者在思维的深刻性和独创性上要明显优于对应的大学生。

## 四、创造性人才与领域新手思维品质的比较分析

创造性思维的核心要素是发散思维，它们具有流畅性、变通性、独创性的特点。本研究运用测量创造力发散性思维特征的自由词汇联想比较两者的差异。结果证明已经取得高成就的创造者和领域新手在一般认知过程确实存在一定的差异。

高成就的创造者在思维的深刻性和独创性两个维度表现出比领域新手更高的水平。思维的深刻性是一切思维的基础，在前述研究中已经充分论证了人文社会科学与艺术的创造者具备深入的思考和观察能力，这点也是思维深刻性的主要表现形式。因此，在这点上创造性人才的表现优于领域新手是必然结果［$F(1, 56)=8.197$，$P<0.01$］。深入分析创造者联想到的词汇，我们会发现创造者的思维深刻性很多时候是源于创造者不断地思考问题，同时关注时代和社会所引发的问题，并以此为基础进行创造。比如历史、脆弱、吞噬这些词汇，都是创造者想到的词汇，这些词汇一般都跟个体的生活阅历、成长经历密切相关。但这却不是唯一条件。不同的生活轨迹再加上不断地思考才是造成思维深刻性差异的原因。因此对新手来说，生活轨迹的不可跨越性使生活阅历具有不可超越性，但却可以通过思考力来弥补。

在我们的研究中界定创造性人才的标准，其中之一就是产出独创、新颖产品的能力。在这点上正是思维独创性的外显表现。本研究结果也充分证明了创造性人才思维独创性明显优于领域新手 [$F(1, 56) = 14.817$, $P < 0.001$]。独创性虽然是外显表现，但却和我们在思维特征研究中的那些思维特点和思维形式的表现密不可分。因此，从培养的角度出发，新手如果能通过系统的思维训练，注重思维的连续性、思维的系统性以及思维的综合性等方面的培养，一定会有思维独创性的展现。

令我们感到意外的是，在另外几个思维品质的维度上，研究结果却与研究者最早的假设不一致。思维的敏捷性、灵活性都没有显著差异。这个结果可以从两个角度来看。首先，我们可以发现高成就创造者并没有因为年龄的增大而使思维的速度减慢（创造性人才的平均年龄比领域新手的平均年龄大 43 岁），这点上也向人们证明大脑越用越好的道理。虽然从生理上分析，随着年龄的增长人体机能会呈下降趋势，但是人的大脑在一定时期内不会因为年龄的增长而退化。其次，我们也可以发现领域新手的思维灵活性并不像我们想象的那样单一，随着教育方式的改变、社会的变化，人的思维方式已经开始呈现多方位、多角度取向，这是一个很好的发展趋势。

值得一提的是，在我们的研究中，显示出一个明显的特征：学科领域无差别。本研究的结果表明，无论是创造性人才还是领域新手，他们的学科差别并没有给他们的思维带来差异。这说明人的思维品质的差异并不会因为学科的不同而不同，不同的学科虽然联想到的词汇可能会有所不同，但思考的方向、思考的维度、思考的深度不会因为学科而有差异，有创造性的人才无论学科如何，都会在某些特征上表现出自己的优势。

这个结果也印证了研究者对创造力研究的界定——创造力并不是某种智力品质或是某几种人格特征单独作用的结果，而应该是认知品质、人格特征和环境促进机制共同作用的结果。思维品质的差异仅仅是创造的一个必要条件，而不是充分条件，创造性能够得以实现更多的时候还要综合考虑个体经验、创造作品实现的其他资源（如课题、经费、人员），只有依托全方位的支持，创造过程才有落脚点和载体，也才有产生实际产品的保证。金盛华（1992）在其撰写的《论创造力的本质与测量》一文中，曾提出创造的过程由创造观念的产生和创造性生产两个步骤完成。在整个过程中，仅仅依靠智力特征、认知品质或是人格特征，有时是无法完成一个创造过程的。真正的创造需要综合考虑个体经验、创造实现的资源和条件是否完备等要素。因此，对思维品质上的学科无差异我们需要全面理解。

# 第五章　人文社会科学与艺术创造者人格特征的研究

## 第一节　研究方法介绍

本研究中高创造性人才人格特征典型要素的资料，是通过分析访谈资料获得的。同时，通过对有关资料进行量化分析，比较了人文社会科学和艺术领域两类创造者人格特征的异同。研究实施的过程与思维特征研究是一并开展的，因此实施过程不再赘述（如有需要，可参考前文第三章第一节的相关内容）。以下对编码过程做一详细介绍。

### 一、抽取意义单元形成人格特征要素点

这一步参照开放编码的步骤，对38个被试的相关文本资料进行逐段逐句的阅读，提取重点语句，标定关键信息，进行开放编码。通过分析得到122个要素点来表征人文社会科学与艺术领域创造者的人格特征。

“提前准备好下一步工作”“有了目标，又有了计划，目标才能实现”“不放弃”“执着的寻找和等待”“困难前的坚持”“硬着头皮往下做，肯定没问题”“坚韧不拔的意志”“不要退缩”“不管别人的反对，自己只是沿着对的方向去做”“沉得住气”“可以暂时反复，但是不能动摇”“不畏惧强势力量，坚持自己”“始终明白自己的所长，并善于使用，不被周周影响”“反对声中的坚持”“不畏环境的影响”“时间的考验”“不断地践

行”“不顾一切地做”“投入”“下功夫”“专注于具体问题”“很容易着迷，不可自拔”“每天很长时间都在做自己想做的事情”“深深地渴望和梦想，不断向前走”“极大的热情”“不知疲倦”“上瘾”“如痴如醉，用生命，用一切，去允诺，去保证，去推动他的存在的时机”“不能自拔”“尽力做得最好”“做到别人无可企及”“永远不断地超越”“有追求”“有志向”“有野心”“不虚度一生”“事业心”“为科学做贡献”“想成名成家”“人生的梦想”“不甘平庸”“要做点什么”“争气读书，不吃粗饭”“不愿意平凡过日子”“让中国艺术走向世界”“产生影响力”“对社会现实有很大影响”“能给人启示”“提升我国文化的责任”“为自己的国家自己的民族做一些事情的信念”“和社会生活联系”“体现中国文化，体现中国”“对国家民族的热爱”“当代问题的思考”“报效祖国”“国家、民族和人类的利益”“先前没有弄清楚的”“别人的理论解释不了的”“不怕当前的困难”“做就做最难的”“别人都不做的”“难度激发兴趣”“不在乎名利得失”“甘于寂寞”“不关注职称”“很少考虑个人的事情”“认真”“寻求水落石出”“踏实”“一步一步的非常严谨的工作方法”“尊重第一手材料”“不轻易下结论”“从头做起”“谨慎发表观点”“不简单重复”“知其不可而为之”“证明给人看”“出奇制胜”“追求新的东西”“不停地折腾”“随时可以有一个新的开始”“要和别人不一样，想别人不想的”“悬崖前的继续前进”“提出和别人不同的意见”“目标”“标准”“方向”“常年坚持长时间工作”“努力”“拼命工作”“超负荷的劳动量”“相信自己的眼光”“相信自己的判断”“相信自己的能力”“相信自己的方法”“相信自己的优秀”“相信自己的选择”“依照自己的思考去判断”“不要相信别人说的”“不惧权威”“不受人影响”“不喜欢被束缚”“按自己的实践去做”“不在乎他人的看法，自己做自己的”“不过多听别人的话”“自己的观念属于自己”“依赖自己的感觉”“善于自我总结”“不停地试验”“试探”“去实践”“长期摸索”“说做就做”“掌握分寸”“不走极端”“合乎时宜”“一定要按照自己想象的方式达到某一个目的”“追求纯粹”“不离不弃自己的专业”“不含糊任何细节”“沉得住气”。

## 二、进一步归纳要素点为概念词

这一步主要是以开放编码的结果为材料，进行主轴编码。将开放编码中抽取出来的要素点，加以归纳，将本质上同属于一个性质的要素归类，概括出一个概念词。共得出19个概念词。

**计划性：**“提前准备好下一步工作”“有了目标，又有了计划，目标才能实现”。

**坚持：**“不放弃”“执着地寻找和等待”“困难前的坚持”“硬着头皮往下做，肯定没问题”“坚韧不拔的意志”“不要退缩”“不管别人的反对，自己只是沿着对的方向去做”“沉得住气”“可以暂时反复，但是不能动摇”“不畏惧强势力量，坚持自己”“始终明白自己的所长，并善于使用，不被周周影响”“反对声中的坚持”“不畏环境的影响”“时间的考验”“不断地践行”“不顾一切地做”。

**投入：**“投入”“下功夫”“专注于具体问题”“很容易着迷，不可自拔”“每天很长时间都在做自己想做的事情”“深深地渴望和梦想，不断向前走”“极大的热情”“不知疲倦”“上瘾”“如痴如醉，用生命，用一切，去允诺，去保证，去推动他的存在的时机”“不能自拔”。

**完美倾向：**“尽力做得最好”“做到别人无可企及”“永远不断地超越”。

**有抱负：**“有追求”“有志向”“有野心”“不虚度一生”“事业心”“为科学做贡献”“想成名成家”“人生的梦想”“不甘平庸”“要做点什么”“争气读书，不吃粗饭”“不愿意平凡过日子”“让中国艺术走向世界”“产生影响力”。

**责任感：**“对社会现实有很大影响”“能给人启示”“提升我国文化的责任”“为自己的国家、自己的民族做一些事情的信念”“和社会生活联系”“体现中国文化，体现中国”“对国家民族的热爱”“当代问题的思考”“报效祖国”“国家、民族和人类的利益”。

**迎难而上：**“先前没有弄清楚的”“别人的理论解释不了的”“不怕当前的困难”“做就做最难的”“别人都不做的”“难度激发兴趣”。

**淡泊名利：**“不在乎名利得失”“甘于寂寞”“不关注职称”“很少考虑个人的事情”。

**严谨：**“认真”“寻求水落石出”“踏实”“一步一步的非常严谨的工作方法”“尊重第一手材料”“不轻易下结论”“从头做起”“谨慎发表观点”。

**挑战和不服输：**“不简单重复”“知其不可而为之”“证明给人看”“出奇制胜”“追求新的东西”“不停地折腾”“随时可以有一个新的开始”“做就做最难的”“难度激发兴趣”“要和别人不一样，想别人不想的”“悬崖前的继续前进”“提出和别人不同的意见”。

**目的性：**“目标”“标准”“方向”。

**勤奋：**“下功夫”“常年坚持长时间工作”“努力”“拼命工作”“超负荷的劳动量”。

**自信：**“相信自己的眼光”“相信自己的判断”“相信自己的能力”“相信自己的方法”“相信自己的优秀”“相信自己的选择”。

**独立性：**“依照自己的思考去判断”“不要相信别人说的”“不惧权威”“不受人影响”“不喜欢被束缚”“按自己的实践去做”“不在乎他人的看法，自己做自己的”“不过多听别人的话”“自己的观念属于自己”“依赖自己的感觉”。

**反思：**“善于自我总结”。

**强执行力：**“不停地试验”“试探”“去实践”“长期摸索”“说做就做”。

**平衡：**“掌握分寸”“不走极端”“合乎时宜”。

**执着：**“一定要按照自己想象的方式达到某一个目的”“追求纯粹”“不离不弃自己的专业”“不含糊任何细节”。

**沉着：**“沉得住气”。

## 三、对概念词进一步归纳，得出的核心类别

这一步主要完成选择编码的工作。将 19 个概念词进一步归纳连接，获得 2 个核心类别。

**积极的自我状态：**坚持，投入，完美倾向，有抱负，责任感，迎难而上，挑战和不服输，平衡，执着，沉着，勤奋。

**良好的外界适应力：**计划性，淡泊名利，严谨，目的性，自信，独立性，反思，强执行力。

## 第二节　人文社会科学与艺术创造者人格特征描述性分析结果

进一步针对38位被试的访谈文本资料进行分析。对主轴编码形成的19个概念词，进行频次统计。凡是被试文本资料出现过的，在该概念词上该被试就计分为“1”，重复出现都计为“1”，最后得到38个被试在19个概念词上的频次，得到表5-1的统计结果。

**表5-1　人文社会科学与艺术创造者人格特征出现频次及排序**

| 核心类别 | 概念词 | 频次 | 占所有频次的比例（%） | 概念词比例排序 | 核心类别比例排序 |
|---|---|---|---|---|---|
| 积极的自我状态 | 坚持 | 20 | 12.27 | 1 | |
| | 投入 | 12 | 7.36 | 6 | |
| | 完美倾向 | 8 | 4.90 | 10 | |
| | 有抱负 | 14 | 8.59 | 3 | |
| | 责任感 | 14 | 8.59 | 3 | |
| | 迎难而上 | 6 | 3.68 | 12 | |
| | 挑战和不服输 | 17 | 10.43 | 2 | |
| | 平衡 | 2 | 1.23 | 16 | |
| | 执着 | 4 | 2.45 | 14 | |
| | 沉着 | 1 | 0.61 | 18 | |
| | 勤奋 | 11 | 6.75 | 7 | |
| | total | 109 | 66.87 | | 1 |

续表

| 核心类别 | 概念词 | 频次 | 占所有频次的比例(%) | 概念词比例排序 | 核心类别比例排序 |
|---|---|---|---|---|---|
| 良好的外界适应力 | 计划性 | 2 | 1.23 | 16 | |
| | 淡泊名利 | 6 | 3.68 | 12 | |
| | 严谨 | 8 | 4.90 | 10 | |
| | 目的性 | 3 | 1.84 | 15 | |
| | 自信 | 10 | 6.13 | 8 | |
| | 独立性 | 10 | 6.13 | 8 | |
| | 反思 | 1 | 0.61 | 18 | |
| | 强执行力 | 14 | 8.59 | 3 | |
| | total | 54 | 33.13 | | 2 |

## 一、人文社会科学与艺术创造者人格特征的对比分析

### （一）描述性分析结果

将每个人格特征概念词被人文社会科学与艺术两部分的创造者提及的频次分别统计，具体计分方法为：凡是某个概念词被某一位被试提及了就计为“1”，将38位被试的结果依次累加，具体结果见表5－2。百分比是将提及人数除以该领域总人数所得。

**表5－2　人文社会科学与艺术领域的创造者人格特征对比分析描述性结果**

| 人格特征 / 领域及占比 | 计划性 | 坚持 | 投入 | 完美倾向 | 有抱负 | 责任感 |
|---|---|---|---|---|---|---|
| 人文社会科学领域（总16人） | 0 | 12 | 6 | 3 | 7 | 6 |
| 艺术领域（总20人） | 2 | 8 | 6 | 5 | 7 | 8 |

续表

| 人格特征 / 领域及占比 | 计划性 | 坚持 | 投入 | 完美倾向 | 有抱负 | 责任感 |
|---|---|---|---|---|---|---|
| 人文社会科学领域（%） | 0 | 75 | 37.5 | 18.75 | 43.75 | 37.5 |
| 艺术领域（%） | 10 | 40 | 30 | 25 | 35 | 40 |

| 人格特征 / 领域及占比 | 迎难而上 | 淡泊名利 | 严谨 | 挑战和不服输 | 目的性 | 勤奋 |
|---|---|---|---|---|---|---|
| 人文社会科学领域（总16人） | 4 | 5 | 5 | 8 | 1 | 5 |
| 艺术领域（总20人） | 2 | 1 | 3 | 9 | 2 | 6 |
| 人文社会科学领域（%） | 25 | 31.25 | 31.25 | 50 | 6.25 | 31.25 |
| 艺术领域（%） | 10 | 5 | 15 | 45 | 10 | 30 |

| 人格特征 / 领域及占比 | 自信 | 独立性 | 强执行力 | 平衡 | 沉着 | 执着 | 反思 |
|---|---|---|---|---|---|---|---|
| 人文社会科学领域（总16人） | 6 | 5 | 5 | 1 | 0 | 2 | 1 |
| 艺术领域（总20人） | 4 | 5 | 9 | 1 | 1 | 2 | 0 |
| 人文社会科学领域（%） | 37.5 | 31.25 | 31.25 | 6.25 | 0 | 12.5 | 6.25 |
| 艺术领域（%） | 20 | 25 | 45 | 5 | 5 | 10 | 0 |

对比分析可以看出，19 个人格特征核心概念词中，对于“坚持”“投入”“有抱负”“迎难而上”“淡泊名利”“严谨”“挑战和不服输”“勤奋”“自信”“独立性”“平衡”“执着”“反思”这 13 个特征，人文社会科学的创造者提及的频次高于艺术领域的创造者；其他 6 个特征词“计划性”“完美倾向”“责任感”“目的性”“强执行力”“沉着”，艺术领域的创造者提及的频次高于人文社会科学的创造者。

从图 5 -1 及图 5 -2 中可以清晰地看出两个领域的创造者关于人格特征属性提及的差异情况。

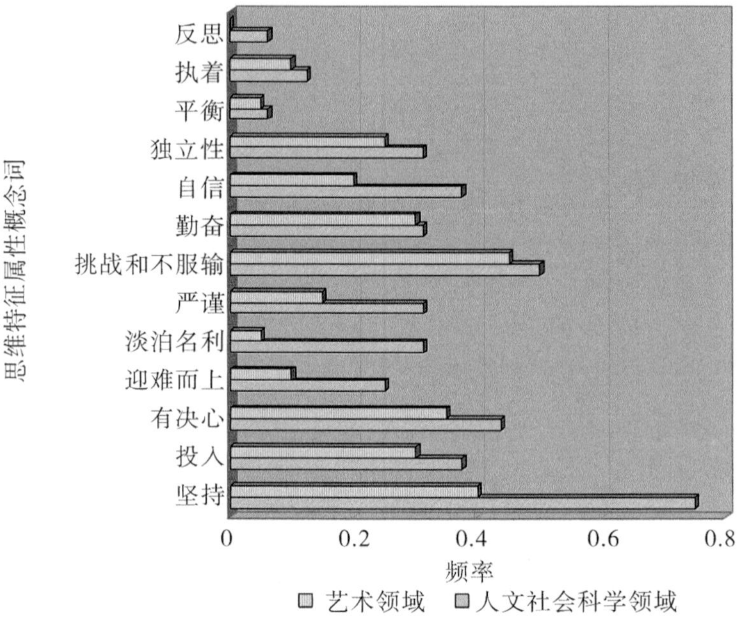


**图 5 -1　人文社会科学领域高于艺术领域的人格特征词**

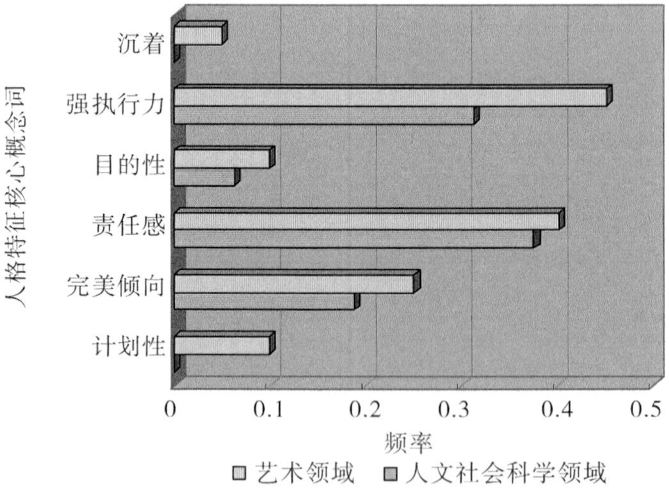


**图 5 -2 艺术领域高于人文社会科学领域的人格特征词**

## 二、人文社会科学与艺术创造者人格特征的差异检验

将38个被试按照领域不同分为两组，作为自变量，将19个人格特征核心概念词作为因变量，进行独立样本非参数检验，得到以下结果，见表5-3。

**表5-3 两类创造者在19个人格特征上的差异比较**

| 人格特征 | 类别 | 频次（N） | 平均值（M） | 标准差（SD） | 平均标准误（Std. Error Mean） | 标准值（Z） |
|---|---|---|---|---|---|---|
| 计划性 | 人文社会科学 | 16 | 0.0000 | 0.0000 | 0.0000 | -1.453 |
| | 艺术 | 20 | 0.1000 | 0.3078 | 6.882E-02 | |
| 坚持 | 人文社会科学 | 16 | 0.7500 | 0.4472 | 0.1118 | 2.197* |
| | 艺术 | 20 | 0.4000 | 0.5026 | 0.1124 | |
| 投入 | 人文社会科学 | 16 | 0.3750 | 0.5000 | 0.1250 | 0.462 |
| | 艺术 | 20 | 0.3000 | 0.4702 | 0.1051 | |
| 完美倾向 | 人文社会科学 | 16 | 0.1875 | 0.4031 | 0.1008 | -.437 |
| | 艺术 | 20 | 0.2500 | 0.4443 | 9.934E-02 | |
| 有抱负 | 人文社会科学 | 16 | 0.4375 | 0.5123 | 0.1281 | 0.552 |
| | 艺术 | 20 | 0.3500 | 0.4894 | 0.1094 | |
| 责任感 | 人文社会科学 | 16 | 0.3750 | 0.5000 | 0.1250 | -.149 |
| | 艺术 | 20 | 0.4000 | 0.5026 | 0.1124 | |
| 迎难而上 | 人文社会科学 | 16 | 0.2500 | 0.4472 | 0.1118 | 1.143 |
| | 艺术 | 20 | 0.1000 | 0.3078 | 6.882E-02 | |
| 淡泊名利 | 人文社会科学 | 16 | 0.3125 | 0.4787 | 0.1197 | 2.024* |
| | 艺术 | 20 | 5.000E-02 | 0.2236 | 5.000E-02 | |

续表

| 人格特征 | 类别 | 频次（N） | 平均值（M） | 标准差（SD） | 平均标准误（Std. Error Mean） | 标准值（Z） |
|---|---|---|---|---|---|---|
| 严谨 | 人文社会科学 | 16 | 0. 3125 | 0. 4787 | 0. 1197 | 1. 154 |
| | 艺术 | 20 | 0. 1500 | 0. 3663 | 8. 192E－02 | |
| 执着 | 人文社会科学 | 16 | — | — | — | — |
| | 艺术 | 20 | — | — | — | |
| 挑战和不服输 | 人文社会科学 | 16 | 0. 5000 | 0. 5164 | 0. 1291 | 0. 291 |
| | 艺术 | 20 | 0. 4500 | 0. 5104 | 0. 1141 | |
| 目的性 | 人文社会科学 | 16 | 6. 250E－02 | 0. 2500 | 6. 250E－02 | －0. 394 |
| | 艺术 | 20 | 0. 1000 | 0. 3078 | 6. 882E－02 | |
| 勤奋 | 人文社会科学 | 16 | 0. 3125 | 0. 4787 | 0. 1197 | 0. 079 |
| | 艺术 | 20 | 0. 3000 | 0. 4702 | 0. 1051 | |
| 自信 | 人文社会科学 | 16 | 0. 3750 | 0. 5000 | 0. 1250 | 1. 129 |
| | 艺术 | 20 | 0. 2000 | 0. 4104 | 9. 177E－02 | |
| 独立性 | 人文社会科学 | 16 | 0. 3125 | 0. 4787 | 0. 1197 | 0. 405 |
| | 艺术 | 20 | 0. 2500 | 0. 4443 | 9. 934E－02 | |
| 强执行力 | 人文社会科学 | 16 | 0. 3125 | 0. 4787 | 0. 1197 | －0. 825 |
| | 艺术 | 20 | 0. 4500 | 0. 5104 | 0. 1141 | |
| 平衡 | 人文社会科学 | 16 | 6. 250E－02 | 0. 2500 | 6. 250E－02 | 0. 158 |
| | 艺术 | 20 | 5. 000E－02 | 0. 2236 | 5. 000E－02 | |

续表

| 人格特征 | 类别 | 频次（N） | 平均值（M） | 标准差（SD） | 平均标准误（Std. Error Mean） | 标准值（Z） |
|---|---|---|---|---|---|---|
| 沉着 | 人文社会科学 | 16 | 0.0000 | 0.0000 | 0.0000 | -0.892 |
| | 艺术 | 20 | 5.000E-02 | 0.2236 | 5.000E-02 | |
| 反思 | 人文社会科学 | 16 | 0.1250 | 0.3416 | 8.539E-02 | 0.231 |
| | 艺术 | 20 | 0.1000 | 0.3078 | 6.882E-02 | |

注：* $p<0.05$。

非参数检验结果表明，只在坚持和淡泊名利两个人格特征上人文社会科学和艺术领域的创造者表现出显著差异水平，具体结果显示人文社会科学领域的创造者更为强调坚持和淡泊名利这两个人格特征。

## 第三节　人文社会科学与艺术创造者的人格特征思考

### 一、显著特征维度

通过质性的编码分析，我们共得出“坚持”“投入”“有抱负”“迎难而上”“淡泊名利”“严谨”“挑战和不服输”“勤奋”“自信”“独立性”“平衡”“执着”“计划性”“完美倾向”“责任感”“目的性”“强执行力”“沉着”“反思”19个人格特征。

研究结果中一部分特征验证了以往研究结果对创造性人才人格特征的认识，比如说坚持、独立性、自信、勤奋、挑战和不服输、迎难而上、有抱负、执着等特征，都曾在先前的研究中被证明或是被总结过。

而本研究中还发现了一些特征，这些特征是从本土化的被试群体身上挖掘出来的。包括投入、平衡、计划性、完美倾向、淡泊名利、目的性、强执行力、严谨、责任感等人格特征。

以往研究中被多次提及创造性人才具有“有抱负”这样的人格特征，在本研究中也被充分证明。这里的有抱负是指对创造充满渴望和憧憬、追求成功、强烈的求知欲和事业心、对事业的信心、献身科学的精神这样一系列的内在自我动力导向的人格特征。而在我们的研究中发现还有另外一个与之相近的，也是动力导向作用的“责任感”这一人格特征。但“责任感”这个人格特征是外界导向的，关注自身与社会关系，并以此为出发点的动力导向特征。“有抱负”和“责任感”两个人格特征分别有 14 位被试提及过，占整个被试的 37% 。

下面我们列举一些被试的文本资料来比较一下两种不同的人格特征。

**有抱负：**

“很多人可能不够投入、不够努力。就包括我现在带的研究生，有的比较投入，有的不是那么认真，没有追求。人必须要有追求，我年轻的时候就想当个科学家、语言学家，这个时候你要有一种事业心，要不停地思考，要有毅力，如果你搞着搞着就不搞了，没有热情，你是不会成功的。”

“我们的一生不能这样，我们都还年轻，需要看看外面的世界。”

“我们自己应当弄清楚，我们的立足点在哪里。我们应当立足在人类的最高峰处。”

“我年轻的时候立志在一个学科上做点贡献。”

“如果说我借用了天鹅湖这样一个高雅的艺术让它与杂技相结合，我想让他们走向世界最尖端的大剧院，进入到西方社会的主流文化，这个东西严格来讲是我永远的一个梦想。”

**责任感：**

“我的导师主编了一本书《维吾尔族简史》，有一阵儿，他实在编不下去，因为有个维吾尔学者骂他，说他编的不对。主持这个工作的政府的人就拿不准了，结果就变成既不敢说照你的写，也不敢说照他的写。所以我觉得这个事情在我导师的学术上产生了很大的影响。而且这件事，对现实社会又有很大的影响，我觉得值得花力气把它搞清楚。”

“人活着不是为个人活着，应该为别人、为国家、为民族做一些事情，我很小就有这个信念。”

“我们都是中国人，我们作为一个中国人，怎么样去表达自己的经历、自己的感受、自己的文化。对一个具体的中国人来说，我们不是中国文化，但是中国文化在我们身上体现出来，那么怎么样通过我去把它表现出来，这个定位其实是每个艺术家应该考虑的。”

此结果说明在我国这样一种社会状态下，个体除了关注自我内部的动力需求的满足以外，从外在的社会价值寻求个人的自我实现，也是个体实现创造的一种动力引发机制。国人更趋向社会化取向，更为关注人性和社会的关系。

## 二、人格特征的层次性

19 个人格特征不是杂乱无章的，是具有一定的层次性的。通过核心编码，以 19 个人格特征词与个体的关系为主线，将其分成两层。

一层是“积极的自我状态”，这一层是从每个个体的内部出发延伸出来的一系列的人格特征。这些特征关注个体内部的原动力和自身的控制力，包括坚持、投入、完美倾向、有抱负、责任感、迎难而上、挑战和不服输、平衡、执着、沉着、勤奋 11 个特征，这些特征都是一种较为积极的做人态度。

另一层是良好的外界适应力，它们更多的是具体的一些行为层面上的特征，尤其会表现在创造过程中对问题解决的细节上。这一层包括：计划性、淡泊名利、严谨、目的性、自信、独立性、反思、强执行力。

我们发现大部分被试提及的人格特征都包含上述两个层面上的特征，充分说明创造性人才的人格特征包含积极的自我状态和良好的外界适应力两个层面。只有这两个层面的人格特征都表现出比较良好的积极的状态，才可能为创造力的实现打下牢固的基础。

## 三、坚持对创造性成就的重大意义

“坚持”这个人格特征被 20 位被试提及，是所有人格特征中表现最为突出的一个特征。这和以往的采用其他研究方法总结出的坚持、毅力、意志、坚韧性等人格特征的描述有相同的结果。“坚持”是非常重要的一种创造性人才的人格特征。

坚持精神对一个人是否能够实现创造、发挥创造力的潜能，在很多方面都起着非常重要的作用。在本研究中，通过对具体文本资料的分析，我们发现这种坚持性表现在不同的方面。

### （一）具体问题解决过程中的“坚持”

很多创造性人才在对待具体问题的时候都表现出执着地寻找和等待，坚持着，他们相信自己要的东西一定会实现。例如一位被试所说的：“我写作的时候经常说，别急，这背后一定隐藏着什么东西，我们还没有发现，但是我们肯定能找到。于是我就坐在那不动，也不离开，有时候我会想上一两个小时，然后这句话突然蹦出来了。”

### （二）不放弃的“坚持”

“坚持”在现代汉语词典中的解释为坚决保持、维护和进行，其中就包含不放弃的意思。这里的不放弃包括不放弃自己的想法，不放弃继续付出时间和精力，还包括不被周围人的人和环境所影响。比如受访的几个被试所说的：“如果这个路子对，我就要去做做。你反对不反对？多少人反对那不是我的事情。我只是沿着对的方向去做。不畏环境的影响”“你得能够沉得住气，就是说别人如果都发表了很多东西、都评上教授了、得到什么荣誉了，而你还没有得到这些现实生活中的认可，你也别着急、别放弃”。

### （三）碰到困难时坚韧不拔的“坚持”

困难是任何人在做任何事情时都有可能会碰到的，创造性人才在困难面前，有坚韧不拔的意志，他们强调坚持自己，尤其是在困难面前、在反对声中坚持自我。正所谓“宝剑锋从磨砺出，梅花香自苦寒来”。凡事都要艰苦锻炼、不断磨砺，方能取得成功。比如受访的被试所说的：“每个人都会碰到困难，这个时候就需要坚持，要有大无畏的精神，坚韧不拔的奋斗精神。不管碰到多大的困难，都要干下去，不管什么样的条件，只要一有机会就干，这样才可能干出来。如果一有困难就放弃，那就完了。”另外，还表现在面临强大的外部力量时，坚持自己。

### （四）耐得住寂寞的“坚持”

奋斗的过程、创造实现的过程往往都要经历一个长时间的积累，大部分创造过程的本身就是一个漫长的时间历程，在这个过程中能够经得起时间的考验，在时间面前坚持住。所谓“板凳要坐十年冷，文章不写半句空”说的就是这个道理，做学问、做研究都要有坐十年冷板凳的思想准备，专心致志、不追求浮华的名利。比如一位被试所说的：“我觉得就是这样的。你需要一定的时间。但是，有的人做着做着就放弃了，他就去干别的了”。

### （五）不断践行，勇往直前的“坚持”

坚持还表现在不顾一切地去做自己想做的、目标明确的事情。这种坚持是一种体现在行动上的、勇往直前的坚持。比如一位被试所说：“一个人如果有一个目标想达到的话，他就会不断地去做，这也是个人的性格。有的人也许做一会儿就做不到了，反正就只能做那么多，就拉倒了，会有这样的。可是也有的人好像不管怎么样，一定要达到想达到的目的。”

## 四、独立性、自信是外界适应力的重要指标

在外界适应的几个人格特征中，独立性和自信被提及的频率明显高于其他几个特征。这点和以往的研究结果非常相似。在前文的文献综述部分我们已经列举了大量的前人研究中汇总出来的人格特征，绝大一部分都提及独立性和自信两个人格特征，这点在本土化的样本上得到充分验证。

创造性人才的人格特征特别强调独立思考、独立判断的重要性，他们寻求自由和独立。正如以下一些被试的言论。

“你必须自己去思考什么是对的、什么是错的，自己给各种事情做出假设和判断。我们这一代人不太相信别人说的话，以及一些所谓的权威。必须自己去想一遍，因此养成了这种独立思考的习惯。”

“我不喜欢被捆绑、被束缚的感觉，我的创作也是这样，要和别人不一样，不喜欢被束缚着。”

“别人说这说那，你如果听的过多的话，反而没法往下走了。”

“正因为我没有学过，而且我一开始编东西，我不敢去问别人，我也不愿意去听别人说你好或者你不好，我怕受伤害，我怕别人一棍子把我打死，所以我就是凭我的一种感觉。我表面上还去听别人的意见，但是心理上一点都不敢听别人的意见，因为当我在最脆弱的时候、在最稚嫩的时候，我就不敢受一点点伤害，因为我知道我是在慢慢地起家、在一点点地琢磨，我可以说我有自己的一套路子。”

同时自信也是他们能够取得创造成就的一个特别重要的人格特征，比如以下一些被试所提到的。

“最根本的一层意思就是说，我内心觉得自己是一个有创造力的人。你们做不了的事情，看看我做的。”

“我很早就相信我那观点是对的，后来主要不是去说服自己，而是找更多的依据让大家都信你，去说服别的人，其实就是找证据的过程。”

“我觉得学术这个东西，当你做这个东西的时候，如果你的方法论是正确的，你对这个方法应该有信念。”

“千万不能和别人一样，要想的和别人不一样，而且要对自己的想法有信心，相信自己的是没错的，是拔尖的。”

# 第六章　人文社会科学与艺术创造者人格特征的反身认知

创造性人才人格特质、行为特征的研究一直是创造力研究的一个主要研究取向，从20世纪初创造力研究开始被关注以来，对创造性人才人格方面的研究一直没有中断过。本研究通过让被试进行自我评价，获得了人文社会科学与艺术创造者自述人格特征，从而进一步描述创造性人才的人格特征。

## 第一节　研究方法介绍

### 一、研究被试

38位参加访谈的被试中，由于有些被试的年龄过高（有的甚至超过百岁）或是由于其他特殊原因并没有参加此项研究，因此共有30位被试参与了此项研究。

### 二、研究工具

第一，针对人文社会科学与艺术人才群体，在参考张景焕博士在科学创造性人才研究中总结的人格特征形容词表中151个形容词基础上，我们根据以往同类研究中总结的和人格特征有关的形容词和特征描述语句，并将特征描述语句转换为意义相同或相近的形容词，得到一个有 192 个描述人格特征的形容词表，由此形成创造性人格特征词库。第二，再将前后重复、意义相同但表述不同的形容词进行归类整理，整理完毕后，保留 120 个形容词，由此形成初试问卷。第三，邀请社会学和艺术学科领域的研究生各三人进行预测，删除被试反映词义模糊的、社会赞许性高的词汇，形成 108 个特征形容词组成的人格特征自评问卷。为防止作答人有说谎或是不认真作答的情况，专门设计测谎词组三对，即分别为“自信”“保守”“易受影响”，设计了配对词组“不自信”“开放”“易受打扰”，以确认被试的作答过程是清晰的和高度注意的。

最终形成的工具是一个由 111 个词汇组成的词表问卷，其中 108 个词汇为测量词汇。

**人文社会科学、艺术领域创造性人才人格特征自评问卷**

您好，以下列出了若干描述人的性格特点的一些词汇，请您依照与您个人的符合情况勾选合适的数字：

5——非常符合；4——比较符合；3——基本符合；2——比较不符合；1——非常不符合。

您的作答信息仅供研究之用，我们会严格保密，请您放心填写！

| | 5 | 4 | 3 | 2 | 1 | | 5 | 4 | 3 | 2 | 1 | | 5 | 4 | 3 | 2 | 1 |
|---|---|---|---|---|---|---|---|---|---|---|---|---|---|---|---|---|---|
| 1 有理想 | | | | | | 2 有抱负 | | | | | | 3 有决心 | | | | | |
| 4 积极进取 | | | | | | 5 开放 | | | | | | 6 爱冒险 | | | | | |
| 7 兴趣广泛 | | | | | | 8 精力充沛 | | | | | | 9 勤奋 | | | | | |
| 10 努力 | | | | | | 11 自信 | | | | | | 12 枯燥 | | | | | |
| 13 独立 | | | | | | 14 爱好艺术 | | | | | | 15 坚持 | | | | | |
| 16 责任感 | | | | | | 17 乐于合作 | | | | | | 18 好反思 | | | | | |
| 19 积极 | | | | | | 20 适应力强 | | | | | | 21 有爱心 | | | | | |
| 22 焦虑的 | | | | | | 23 感激的 | | | | | | 24 好争辩 | | | | | |
| 25 果断 | | | | | | 26 有吸引力 | | | | | | 27 易怒的 | | | | | |

续表

| | 5 | 4 | 3 | 2 | 1 | | 5 | 4 | 3 | 2 | 1 | | 5 | 4 | 3 | 2 | 1 |
|---|---|---|---|---|---|---|---|---|---|---|---|---|---|---|---|---|---|
| 28 小心谨慎 | | | | | | 29 平凡 | | | | | | 30 复杂 | | | | | |
| 31 保守 | | | | | | 32 心满意足 | | | | | | 33 防御 | | | | | |
| 34 可靠 | | | | | | 35 有尊严 | | | | | | 36 易受打扰 | | | | | |
| 37 怀疑 | | | | | | 38 爱幻想 | | | | | | 39 不自信 | | | | | |
| 40 自我中心 | | | | | | 41 易动感情 | | | | | | 42 有事业心 | | | | | |
| 43 易激动 | | | | | | 44 公正 | | | | | | 45 有说服力 | | | | | |
| 46 健忘 | | | | | | 47 宽容 | | | | | | 48 庄重 | | | | | |
| 49 坦率 | | | | | | 50 慷慨 | | | | | | 51 温顺 | | | | | |
| 52 心理健康 | | | | | | 53 敏感 | | | | | | 54 诚实 | | | | | |
| 55 幽默 | | | | | | 56 理想主义 | | | | | | 57 主动 | | | | | |
| 58 引人瞩目 | | | | | | 59 忠诚 | | | | | | 60 有礼貌 | | | | | |
| 61 成熟 | | | | | | 62 有条理 | | | | | | 63 好奇 | | | | | |
| 64 亲切 | | | | | | 65 文雅 | | | | | | 66 较真 | | | | | |
| 67 聚精会神 | | | | | | 68 严肃 | | | | | | 69 性感 | | | | | |
| 70 精明 | | | | | | 71 缄默 | | | | | | 72 朴素 | | | | | |
| 73 好(hǎo)交往 | | | | | | 74 心肠软 | | | | | | 75 情绪稳定 | | | | | |
| 76 易受影响 | | | | | | 77 健谈 | | | | | | 78 紧张 | | | | | |
| 79 一丝不苟 | | | | | | 80 节俭 | | | | | | 81 无私 | | | | | |
| 82 多才多艺 | | | | | | 83 离群 | | | | | | 84 沉着 | | | | | |
| 85 体贴 | | | | | | 86 勇敢 | | | | | | 87 要求严格 | | | | | |
| 88 高效率 | | | | | | 89 热情 | | | | | | 90 有远见 | | | | | |
| 91 友好 | | | | | | 92 镇定 | | | | | | 93 有洞察力 | | | | | |
| 94 异性气质 | | | | | | 95 秩序性 | | | | | | 96 耐心 | | | | | |
| 97 有计划 | | | | | | 98 理性 | | | | | | 99 好惩罚 | | | | | |
| 100 恭顺 | | | | | | 101 圆滑 | | | | | | 102 谦逊 | | | | | |
| 103 感情丰富 | | | | | | 104 喜孤独 | | | | | | 105 耐挫折 | | | | | |
| 106 随和 | | | | | | 107 好学 | | | | | | 108 易兴奋 | | | | | |
| 109 喜思考 | | | | | | 110 逆反 | | | | | | 111 喜挑战 | | | | | |

## 三、研究程序

词表问卷的实际测验安排在研究者对被试的访谈之后。研究者在对被试的访谈过程中，通过特定主题的访谈，已经引发被试对自己的创造过程、成长过程进行了比较系统的回忆，整个过程贯穿着被试对自己人格特征的一个反思。这种激发有助于之后被试更为准确和客观地作答自评人格特征问卷。

填答方式：让被试在一个 5 点量表上标出每种特征和被试本人性格特征的符合程度，其中 1 ~ 5 的含义分别是：5 = 非常符合；4 = 比较符合；3 = 基本符合；2 = 比较不符合；1 = 非常不符合。

对收集到的数据，首先经过测谎词检查，看被试在三对测谎词上的作答是否相互矛盾。例如，如果在“自信”一词处给自己自评打分为 4 分，同时“不自信”一词处也打 4 分，这时就认定该被试作答不可靠，该被试数据作为无效数据处理，不计入最后的分析。结果表明，所有参加词表问卷作答的被试数据都是有效的。数据最后用 Excel 记录，然后使用 SPSS 软件进行统计分析。

数据分析时，先将每个被试在五种不同程度上的特征词加以分类整理，再将 108 个测量词汇按照所有被试的评价结果，根据群体作答确定的词性进行分类，分别归为正向（符合特征）和负向（不符合特征）两大类。其中包含四个亚类：纯正向特征词、偏正向特征词，纯负向特征词、偏负向特征词。分类的标准为：如果评价为“符合”和“比较符合”的频次大于评价为“比较不符合”和“非常不符合”的频次，那么这个特征词我们就记为正向特征词。如果该特征词被评为负向特征的频次为零，则该词就是纯正向特征词，其他的词则为偏正向特征词。反之，如果回答为“符合”和“比较符合”的频次，小于“比较不符合”和“非常不符合”的频次，那么这个特征词就记为负向特征词。如果该词的正向特征被选频次为零，则为纯负向特征词，其他词则为偏负向特征词。接下来，使用聚类分析深入揭示人文社会科学与艺术人才人格特征的自评特征。

## 第二节　人文社会科学与艺术人才的人格特征的自评结果分类

表6－1是根据以上研究程序中的分析方法获得的人文社会科学与艺术人才的人格特征的自评结果及其分类。

**表6－1　自述人格特征描述性结果**

| | |
|---|---|
| 纯正向特征词 | 独立、自信、诚实、爱思考、有爱心、坦率、开放 |
| 偏正向特征词 | 有责任感、慷慨、心理健康、有理想、有尊严、有事业心、公正、有洞察力、好学、有决心、勤奋、坚持、积极、好反思、宽容、有礼貌、亲切、聚精会神、爱好艺术、有说服力、有远见、理性、感情丰富、有抱负、感激、一丝不苟、积极进取、精力充沛、努力、可靠、敏感、忠诚、成熟、主动、心肠软、沉着、要求严格、热情、友好、镇定、幽默、情绪稳定、无私、耐挫折、兴趣广泛、果断、朴素、健谈、随和、乐于合作、较真、易动感情、庄重、理想主义、勇敢、适应力强、谦逊、爱幻想、体贴、高效率、有计划、有吸引力、文雅、耐心、易兴奋、有条理、严肃、秩序性、怀疑、易激动、节俭、爱冒险、引人瞩目、好交际、喜挑战、心满意足、好争辩 |
| 偏负向特征词 | 平凡、自我中心、多才多艺、复杂、离群、喜孤独、逆反、精明、易怒、小心谨慎、性感、缄默、异性气质、焦虑、防御、易受打扰、健忘、易受影响、紧张、枯燥、恭顺、保守、圆滑、好惩罚 |
| 纯负向特征词 | 无 |

## 第三节　人文社会科学与艺术创造者自评的核心人格特征

一个人的人格是整体的和复杂的，虽然关键特征是决定一个人创造力特征的关键因素，但是如果希望全面描述一个创造者的人格特征，还需要扩大范围。因此我们又将前两个层次的特征进一步划分，将非常符合有频次，同时非常不符合选项上选择频次为0的特征词，标定为人文社会科学与艺术创造者核心人格特征，用这种方法找出45个核心特征词。这些词具体的频次分布见表6－2。

**表6－2　核心人格特征词选择频次**　（次）

| 顺序号 | 特征编号 | 特征名称 | 非常符合 | 比较符合 | 基本符合 | 比较不符合 | 非常不符合 |
|---|---|---|---|---|---|---|---|
| 1 | 13 | 独立 | 28 | 1 | 1 | 0 | 0 |
| 2 | 19 | 积极 | 22 | 3 | 4 | 1 | 0 |
| 3 | 14 | 爱好艺术 | 20 | 3 | 4 | 2 | 0 |
| 4 | 11 | 自信 | 19 | 9 | 2 | 0 | 0 |
| 5 | 35 | 有尊严 | 19 | 7 | 3 | 1 | 0 |
| 6 | 49 | 坦率 | 19 | 8 | 3 | 0 | 0 |
| 7 | 54 | 诚实 | 19 | 9 | 2 | 0 | 0 |
| 8 | 67 | 聚精会神 | 19 | 5 | 5 | 1 | 0 |
| 9 | 16 | 有责任感 | 17 | 8 | 4 | 0 | 0 |
| 10 | 21 | 有爱心 | 18 | 9 | 3 | 0 | 0 |
| 11 | 47 | 宽容 | 18 | 6 | 5 | 1 | 0 |
| 12 | 52 | 心理健康 | 18 | 9 | 2 | 1 | 0 |
| 13 | 109 | 爱思考 | 18 | 10 | 2 | 0 | 0 |
| 14 | 107 | 好学 | 17 | 9 | 3 | 1 | 0 |
| 15 | 3 | 有决心 | 16 | 9 | 4 | 1 | 0 |
| 16 | 5 | 开放 | 16 | 10 | 4 | 0 | 0 |

续表

| 顺序号 | 特征编号 | 特征名称 | 非常符合 | 比较符合 | 基本符合 | 比较不符合 | 非常不符合 |
|---|---|---|---|---|---|---|---|
| 17 | 93 | 有洞察力 | 16 | 11 | 1 | 2 | 0 |
| 18 | 8 | 精力充沛 | 14 | 9 | 4 | 3 | 0 |
| 19 | 15 | 坚持 | 14 | 11 | 4 | 1 | 0 |
| 20 | 64 | 亲切 | 14 | 11 | 3 | 2 | 0 |
| 21 | 72 | 朴素 | 14 | 6 | 7 | 3 | 0 |
| 22 | 103 | 感情丰富 | 14 | 10 | 4 | 2 | 0 |
| 23 | 34 | 可靠 | 14 | 9 | 6 | 2 | 0 |
| 24 | 53 | 敏感 | 12 | 8 | 8 | 1 | 0 |
| 25 | 17 | 乐于合作 | 12 | 8 | 6 | 4 | 0 |
| 26 | 23 | 感激 | 12 | 10 | 7 | 1 | 0 |
| 27 | 60 | 有礼貌 | 12 | 11 | 7 | 0 | 0 |
| 28 | 87 | 要求严格 | 12 | 9 | 7 | 2 | 0 |
| 29 | 91 | 友好 | 12 | 10 | 5 | 3 | 0 |
| 30 | 25 | 果断 | 11 | 9 | 7 | 3 | 0 |
| 31 | 45 | 有说服力 | 11 | 13 | 4 | 2 | 0 |
| 32 | 50 | 慷慨 | 11 | 16 | 2 | 1 | 0 |
| 33 | 74 | 心肠软 | 11 | 11 | 5 | 3 | 0 |
| 34 | 81 | 无私 | 11 | 8 | 10 | 1 | 0 |
| 35 | 48 | 庄重 | 10 | 8 | 9 | 3 | 0 |
| 36 | 79 | 一丝不苟 | 10 | 14 | 3 | 3 | 0 |

续表

| 顺序号 | 特征编号 | 特征名称 | 非常符合 | 比较符合 | 基本符合 | 比较不符合 | 非常不符合 |
|---|---|---|---|---|---|---|---|
| 37 | 98 | 理性 | 10 | 14 | 4 | 2 | 0 |
| 38 | 20 | 适应力强 | 9 | 11 | 4 | 6 | 0 |
| 39 | 84 | 沉着 | 9 | 12 | 7 | 2 | 0 |
| 40 | 92 | 镇定 | 9 | 11 | 9 | 1 | 0 |
| 41 | 61 | 成熟 | 8 | 14 | 6 | 2 | 0 |
| 42 | 97 | 有计划 | 8 | 10 | 7 | 5 | 0 |
| 43 | 86 | 勇敢 | 7 | 9 | 13 | 1 | 0 |
| 44 | 26 | 有吸引力 | 5 | 12 | 8 | 5 | 0 |
| 45 | 32 | 心满意足 | 3 | 9 | 8 | 10 | 0 |

## 第四节　人文社会科学与艺术创造者核心人格特征的结构

为了更好地了解这45个核心特征词的结构，我们对表6－2的45个特征词的数据采用分层聚类的方法进行更深入的分析。聚类采用的是Q型聚类分析，聚类的具体结果见表6－3、表6－4、表6－5。

**表6－3　数据基本信息**

| 有效值 (Valid) | | 案例缺失值 (Cases Missing) | | 全部 (Total) | |
|---|---|---|---|---|---|
| 频次 (N) | 百分比 (Percent) | 频次 (N) | 百分比 (Percent) | 频次 (N) | 百分比 (Percent) |
| 45 | 100 | 0 | 0 | 45 | 100 |

a. Average Linkage（Between Groups），均连（组间）。

**表 6－4 聚类的凝聚过程**

| 项目 | 聚类结合 (Cluster Combined) | | 相关系数 (Coefficients) | 聚类过程 (Stage Cluster) | | |
|---|---|---|---|---|---|---|
| | | | | 第一步 (First Appears) | | 第二步 (Next Stage) |
| 阶段 (Stage) | 类型 1 (Cluster 1) | 类型 2 (Cluster 2) | | 类型 1 (Cluster 1) | 类型 2 (Cluster 2) | |
| 1 | 4 | 7 | 0. 000 | 0 | 0 | 2 |
| 2 | 4 | 13 | 0. 282 | 1 | 0 | 22 |
| 3 | 6 | 10 | 0. 293 | 0 | 0 | 8 |
| 4 | 29 | 33 | 0. 302 | 0 | 0 | 19 |
| 5 | 8 | 11 | 0. 343 | 0 | 0 | 31 |
| 6 | 23 | 28 | 0. 360 | 0 | 0 | 12 |
| 7 | 14 | 15 | 0. 416 | 0 | 0 | 18 |
| 8 | 6 | 9 | 0. 431 | 3 | 0 | 16 |
| 9 | 20 | 22 | 0. 436 | 0 | 0 | 15 |
| 10 | 24 | 34 | 0. 499 | 0 | 0 | 21 |
| 11 | 39 | 41 | 0. 538 | 0 | 0 | 28 |
| 12 | 23 | 30 | 0. 552 | 6 | 0 | 19 |
| 13 | 31 | 37 | 0. 586 | 0 | 0 | 17 |
| 14 | 2 | 3 | 0. 597 | 0 | 0 | 31 |
| 15 | 18 | 20 | 0. 620 | 0 | 9 | 24 |
| 16 | 6 | 16 | 0. 644 | 8 | 0 | 22 |
| 17 | 31 | 36 | 0. 655 | 13 | 0 | 28 |
| 18 | 12 | 14 | 0. 682 | 0 | 7 | 20 |
| 19 | 23 | 29 | 0. 698 | 12 | 4 | 23 |
| 20 | 5 | 12 | 0. 699 | 0 | 18 | 29 |

续表

| 项目 | 聚类结合 (Cluster Combined) | | 相关系数 (Coefficients) | 聚类过程 (Stage Cluster) | | |
|---|---|---|---|---|---|---|
| | | | | 第一步 (First Appears) | | 第二步 (Next Stage) |
| 阶段 (Stage) | 类型 1 (Cluster 1) | 类型 2 (Cluster 2) | | 类型 1 (Cluster 1) | 类型 2 (Cluster 2) | |
| 21 | 24 | 26 | 0.707 | 10 | 0 | 25 |
| 22 | 4 | 6 | 0.724 | 2 | 16 | 37 |
| 23 | 23 | 25 | 0.790 | 19 | 0 | 27 |
| 24 | 18 | 19 | 0.801 | 15 | 0 | 29 |
| 25 | 24 | 40 | 0.892 | 21 | 0 | 32 |
| 26 | 42 | 44 | 0.970 | 0 | 0 | 33 |
| 27 | 23 | 35 | 1.003 | 23 | 0 | 30 |
| 28 | 31 | 39 | 1.061 | 17 | 11 | 36 |
| 29 | 5 | 18 | 1.100 | 20 | 24 | 34 |
| 30 | 21 | 23 | 1.107 | 0 | 27 | 35 |
| 31 | 2 | 8 | 1.114 | 14 | 5 | 40 |
| 32 | 24 | 27 | 1.246 | 25 | 0 | 35 |
| 33 | 38 | 42 | 1.312 | 0 | 26 | 39 |
| 34 | 5 | 17 | 1.356 | 29 | 0 | 37 |
| 35 | 21 | 24 | 1.393 | 30 | 32 | 38 |
| 36 | 31 | 32 | 1.423 | 28 | 0 | 38 |
| 37 | 4 | 5 | 1.481 | 22 | 34 | 40 |
| 38 | 21 | 31 | 1.685 | 35 | 36 | 39 |
| 39 | 21 | 38 | 1.878 | 38 | 33 | 41 |
| 40 | 2 | 4 | 1.886 | 31 | 37 | 42 |

续表

| 项目 | 聚类结合 (Cluster Combined) | | 相关系数 (Coefficients) | 聚类过程 (Stage Cluster) | | |
|---|---|---|---|---|---|---|
| | | | | 第一步 (First Appears) | | 第二步 (Next Stage) |
| 阶段 (Stage) | 类型 1 (Cluster 1) | 类型 2 (Cluster 2) | | 类型 1 (Cluster 1) | 类型 2 (Cluster 2) | |
| 41 | 21 | 43 | 2. 141 | 39 | 0 | 42 |
| 42 | 2 | 21 | 2. 347 | 40 | 41 | 43 |
| 43 | 2 | 45 | 3. 773 | 42 | 0 | 44 |
| 44 | 1 | 2 | 4. 108 | 0 | 43 | 0 |

**表 6－5　分为 1～4 类的聚类结果**

| 特征词 (Case) | 聚类为四类 (4Clusters) | 聚类为三类 (3Clusters) | 聚类为二类 (2Clusters) |
|---|---|---|---|
| 1. 独立 | 1 | 1 | 1 |
| 2. 积极 | 2 | 2 | 2 |
| 3. 爱好艺术 | 2 | 2 | 2 |
| 4. 自信 | 2 | 2 | 2 |
| 5. 有尊严 | 2 | 2 | 2 |
| 6. 坦率 | 2 | 2 | 2 |
| 7. 诚实 | 2 | 2 | 2 |
| 8. 聚精会神 | 2 | 2 | 2 |
| 9. 有责任感 | 2 | 2 | 2 |
| 10. 有爱心 | 2 | 2 | 2 |
| 11. 宽容 | 2 | 2 | 2 |
| 12. 心理健康 | 2 | 2 | 2 |
| 13. 爱思考 | 2 | 2 | 2 |
| 14. 好学 | 2 | 2 | 2 |

续表

| 特征词<br>(Case) | 聚类为四类<br>(4Clusters) | 聚类为三类<br>(3Clusters) | 聚类为二类<br>(2Clusters) |
|---|---|---|---|
| 15. 有决心 | 2 | 2 | 2 |
| 16. 开放 | 2 | 2 | 2 |
| 17. 有洞察力 | 2 | 2 | 2 |
| 18. 精力充沛 | 2 | 2 | 2 |
| 19. 坚持 | 2 | 2 | 2 |
| 20. 亲切 | 2 | 2 | 2 |
| 21. 朴素 | 3 | 2 | 2 |
| 22. 感情丰富 | 2 | 2 | 2 |
| 23. 可靠 | 3 | 2 | 2 |
| 24. 敏感 | 3 | 2 | 2 |
| 25. 乐于合作 | 3 | 2 | 2 |
| 26. 感激 | 3 | 2 | 2 |
| 27. 有礼貌 | 3 | 2 | 2 |
| 28. 要求严格 | 3 | 2 | 2 |
| 29. 友好 | 3 | 2 | 2 |
| 30. 果断 | 3 | 2 | 2 |
| 31. 有说服力 | 3 | 2 | 2 |
| 32. 慷慨 | 3 | 2 | 2 |
| 33. 心肠软 | 3 | 2 | 2 |
| 34. 无私 | 3 | 2 | 2 |
| 35. 庄重 | 3 | 2 | 2 |
| 36. 一丝不苟 | 3 | 2 | 2 |

续表

| 特征词<br>(Case) | 聚类为四类<br>(4Clusters) | 聚类为三类<br>(3Clusters) | 聚类为二类<br>(2Clusters) |
|---|---|---|---|
| 37. 理性 | 3 | 2 | 2 |
| 38. 适应力强 | 3 | 2 | 2 |
| 39. 沉着 | 3 | 2 | 2 |
| 40. 镇定 | 3 | 2 | 2 |
| 41. 成熟 | 3 | 2 | 2 |
| 42. 有计划 | 3 | 2 | 2 |
| 43. 勇敢 | 3 | 2 | 2 |
| 44. 有吸引力 | 3 | 2 | 2 |
| 45. 心满意足 | 4 | 3 | 2 |

对1~4类的聚类结果加以比较，参考我们在第五章的研究结果，将聚类之后的特征词结合词义以及以往研究的总结，分别命名，即获得表6-6中具体的聚类结果。

**表6-6　核心人格特征聚类分析结果**

| | |
|---|---|
| 类型1：独立 | 独立 |
| 类型2：积极自我状态和有效心理功能 | 积极、爱好艺术、自信、有尊严、坦率、诚实、聚精会神、有责任感、有爱心、宽容、心理健康、爱思考、好学、有决心、开放、有洞察力、精力充沛、坚持、亲切、感情丰富 |
| 类型3：可靠外界结合与成熟自我把握 | 朴素、可靠、敏感、乐于合作、感激、有礼貌、要求严格、友好、果断、有说服力、慷慨、心肠软、无私、庄重、一丝不苟、理性、适应力强、沉着、镇定、成熟、有计划、勇敢、有吸引力 |
| 类型4：满足 | 心满意足 |

# 第五节　人文社会科学与艺术的创造者人格特征的层次性

高夫利用《创造力人格特征量表》，对创造性人才进行研究，找出了30个形容词用以描述高创造力人才的人格特征。接着，他进一步将30个词分成18个正向特征词和12个负向特征词。

本研究中对人文社会科学与艺术创造人才进行的人格特征反身研究，得出了类似的分层结构。为了更为细致地分析，本研究将各人格特征分为三个层次：纯正向特征，偏正向特征和偏负向特征。

纯正向特征是与人文社会科学与艺术创造性人才自身特点符合程度最高的特征。结果显示，共有7个词汇：独立、自信、诚实、爱思考、有爱心、坦率、开放构成这个层次。这个层次的特征应该是人文社会科学与艺术创造者的关键人格特征，它在整体上呼应了以往的研究结果，但是“有爱心”这一特征被纳入关键特征层面，是本次研究中独特的发现。“有爱心”虽是描述人格特征的常用词，但被发现与高创造性密切相关，还是首次。

具体分析30名人文社会科学与艺术创造者的详细资料发现，他们中认为有爱心是非常符合自己的特征的倾向十分明显，有18人认为非常符合，9人认为比较符合，3人认为基本符合，没有负向选择。结合访谈文本中相关的内容以及访谈后被试在进行问卷作答时研究者的追问进行分析，可以了解到，“有爱心”直接体现在该创造性群体认真观察生活、对社会富有责任感方面，他们关爱自己周围的人和事，尤其是他们普遍都有强烈的社会责任感，这也常常是引发他们进行创造的一个主要动力源泉。当我们有了这样一个发现后，再去回想历史上的人和事，就会发现其实古代仁人志士的身上大多也体现了这一特征。杜甫的“安得广厦千万间，大庇天下寒士俱欢颜”，范仲淹的“先天下之忧而忧，后天下之乐而乐”，陆游的“位卑未敢忘忧国”……

偏正向特征是部分被试认为与自己符合，同时也有部分认为与自己不符合的特征，但整体上评价为“符合”的倾向大于评价为“不符合”的一些特征词。在108个测量词汇中，大部分特征词都被被试归入这个层次。

原有假设负向特征词也应该有两个层次，但是实际问卷调查的结果显示，有被试选择偏负向特征词，但是并没有被试选择纯负向特征词。产生这种结果的原因可能是有两个方面。第一，我们编制的人格特征自评问卷的原词来源主要是先前的研究中已经证明符合创造性人才的人格特征的词汇，人文社会科学与艺术创造者标定的评定结果从另一个侧面说明了这些研究结果的合理性，同时也证明了创造性研究结果一致性和我们研究的有效性；第二，自评问卷是在研究者和被试进行完访谈之后在研究者与被试的沟通过程中完成的。访谈过程中被试和主试建立的联系，和访谈过程中被试和主试愉快的交流气氛可能会对后续的特征自评产生一定的定向性影响。再加上访谈中被试大量回忆了自己的创造过程和成长经历，这些都有可能导致被试在进行问卷作答的时候，强化对正向特征的认同，因此被试的自评中只出现了偏负向特征词，没有纯负向特征词出现。

## 一、人文社会科学与艺术的创造者核心特征的分类

在将108个人格特征词汇分成四层的基础上，为了更好地找寻人文社会科学与艺术的创造者最为核心的人格特征描述，我们又从85个正向特征词中通过一定的评价标准，筛选出45个核心特征词，并进行了聚类分析，得到了对人文社会科学与艺术的创造者人格特征更为清晰地描述。从表6-6的聚类结果我们可以看到，核心特征从个体和外界的环境关系角度被分为四类。

其中第一类是只有一个特征词的维度，即“独立”。被试对这个特征词的选择反应非常特殊，在聚类分析中，无论是分成2类，还是分成5类，它都是独自成为一类。从对“独立”这个特征词的具体选择看，有27人都选择为非常符合自己的特征，是一个选择最为集中的特征词。在过往的研究中，独立性也是被高度重视的特征。一个人要想取得创造性的突破，

保持自己思想和行为上的独立是非常重要的，以往的相关文献中往往强调譬如创造性人才的“独立思考”“不喜欢与人打交道”“孤独”“个性的独立性”等与“独立”特征词意义一致或接近的特点。

我们的研究进一步证明了独立性对一个人创造性成果取得的重要性。这种独立性一般是指独立思考，不受他人影响的人格特征，并且它和其他的特征词无法合并成一类，可见该特征的重要性以及在人格特征中的特殊地位。很多名人也都强调过这一点，琼·爱德华兹就说过“假如别人和我一样深刻和持续地思考数学真理，他们会做出同样的发现的。”

第二类特征是自我积极有效。仔细分析构成这一类的20个特征词，可以发现，20个特征主要在两个紧密关联的上位特征上汇聚。这两个上位特征可以分别命名为“积极自我状态”和“有效心理功能”。属于心态积极进取、自我状态健康向上的特征有“积极、爱好艺术、自信、有尊严、坦率、诚实、有责任感、有爱心、宽容、心理健康、爱思考、好学、开放、亲切”等，属于“心理功能发挥有效”的自我功能发挥充分的特征有“有决心、聚精会神、有洞察力、精力充沛、坚持、感情丰富”等。

第三类我们可以将其核心特征概括为“可靠外界结合与成熟自我把握”，共包含22个特征，包括“可靠、敏感、乐于合作、感激、有礼貌、要求严格、友好、果断、有说服力、慷慨、心肠软、无私、庄重、一丝不苟、理性、适应力强、沉着、镇定、成熟、有计划、勇敢、有吸引力”等。仔细研究这22个特征的概念内涵很容易发现，各个特征的核心内涵都指向个人与外界的积极、可靠、有效的结合与自我的有效把握之上。“可靠、乐于合作、感激、有礼貌、友好、慷慨、心肠软、无私、有吸引力”9个特征主要描述个体联结外部世界的主动、可靠的方式，并且这种方式显然是易于赢得外部支持的积极和有效的方式。而“敏感、要求严格、果断、有说服力、庄重、一丝不苟、理性、适应力强、沉着、镇定、成熟、有计划、勇敢”13个特征，描述的主要是个人对自身的成熟把握，敏感而有效，决断而沉着。

第四类又是由一个单一特征单独成类的特征，这个特征为“心满意足”，我们将其命名为“满足”。不过，被试对这个特征词的选择已经较为分散，并且有三分之一的被试已经将其评定为负向特征词，所以这个词汇是核心特征较为不重要的特征词。而且在传统的研究中，也没有将心满意足列为核心人格特征描述的，因此心满意足这个特征还需要在日后的研究中进一步探讨和验证。

## 二、高心理健康水平是人文社会科学与艺术创作的重要条件

心理健康与创造性的关系一直是个有争议的问题。许多艺术创作研究都认为创作，尤其是艺术创造是与不健康的心态相关联的。这种说法并非没有现实依据，部分艺术创造大师的精神分裂事实无疑强化了人们头脑中艺术家可能心理上不正常的概念。考夫曼（Kaufman，2002）总结了前人的研究和列举了自己的研究结果后指出，高成就人的心理健康水平往往是比较低的，他还在针对诗人的一项研究中表明诗人尤其是女诗人更容易患上精神疾病。但是传统的关于创造性人才的人格特征的研究中和人们普遍的一种认识都认为高创造成就的人才有较高的自信心水平。

创造力心理学家韦斯伯格（Weisberg）也进行过相关研究，试图揭示心理健康状态与创造性成就的关系，他提出轻度躁狂的个体更具有创造性。他在2004年通过进一步的研究提出精神失常的人，创造性思维更为好一些，他认为消极的感性体验有助于创造性活动的材料积累。

其他的一些相关研究也表明高创造性成就的人往往都有一定的间歇性的情绪失常症状，尤其是两极化情绪。而且这个研究结果在艺术领域更为明显。

而从上文本研究的结果分析来看，我们的研究发现与其他关于创造性与心理健康关系的研究发现并不一致。至少在我们研究的样本及其代表的群体范围内，我国的人文社会科学与艺术创造者不仅不是心理上有问题，而且普遍强调了良好的自我状态、自我把握和充分的自我功能的发挥，同时与外部世界的关联是用积极的方式建立有效的连带，他们有高的自信心水平，对自我心理健康水平也有高的评价。在“自信”这一自我评价中，

63% 的人文社会科学与艺术创造者都认为非常符合自己的特征，有 34% 的人文社会科学与艺术创造者认为比较符合自己的特征，仅有 3% 的人文社会科学与艺术创造者认为基本符合自己的特征，没有出现负向选择。在“心理健康”的自我评价上，59% 的人文社会科学与艺术创造者都认为非常符合自己的特征，有 28% 的人文社会科学与艺术创造者认为比较符合自己的特征，有 13% 的人文社会科学与艺术创造者认为基本符合自己的特征，同样没有出现负向自我评价。

虽然我们研究的这一部分所使用的方法是自我评价，但是在对深度访谈的文本进行的质性分析中我们也发现了自信这个人格特征，这两个研究结果是吻合的。为此，我们有理由相信研究发现是可靠的，被试群体的自评结果也在很大程度上透视着被试群体及其所代表的人群的实际心理特征状况。如果这一结果得到进一步研究的印证，我们设想，很有可能中国文化环境中的高创造水平的群体，包括人文社会科学与艺术创造群体的特征可能与西方同类创造群体具有不同的特征。这种不同特征可能提示着在中国文化环境中取得高创作成就的条件之一，是适应社会和本身处于良好的内在状态和与外部世界保持着积极的、建设性的关联。自身状态良好以及与周围世界的建设性联系发挥着创作基础的作用，特征强度尤其鲜明的“独立性”则是创造者实现突破的重要条件。

# 第七章　人文社会科学和艺术创造者成长过程中关键影响事件

本研究通过考察影响创造力发挥和实现的内外部因素，获得了创造力得以发挥的关键影响事件和重要他人，并对其进行了深入的分析研究。

## 第一节　研究方法介绍

本研究通过质性研究中的分析方法，在深入访谈获得的第一手资料中，通过逐句逐段的编码分析，考察对人文社会科学与艺术创造者形成影响的一系列事件，建立一个人文社会科学与艺术创造者成长关键影响事件层次模型，见图 7－1。

### 一、抽取意义单元形成的影响要素点

这一步参照开放编码的步骤，对 38 个被试的相关文本资料进行逐段逐句的阅读，提取重点语句，标定关键信息，进行开放编码。分析结果得到 84 个要素点对被试的成长起到了关键作用。

"80 年代文化寻根热""开展研究的基地""大学竞争环境""北大的研究环境""大学安静的环境，静心学习""教过所有年级的财富""一个农民的孩子，很多东西容易理解""生活苦，有机会学习，一定珍惜""从小庶出被人看不起""'文革'影响了全方面，影响人格，自我的养成，做事

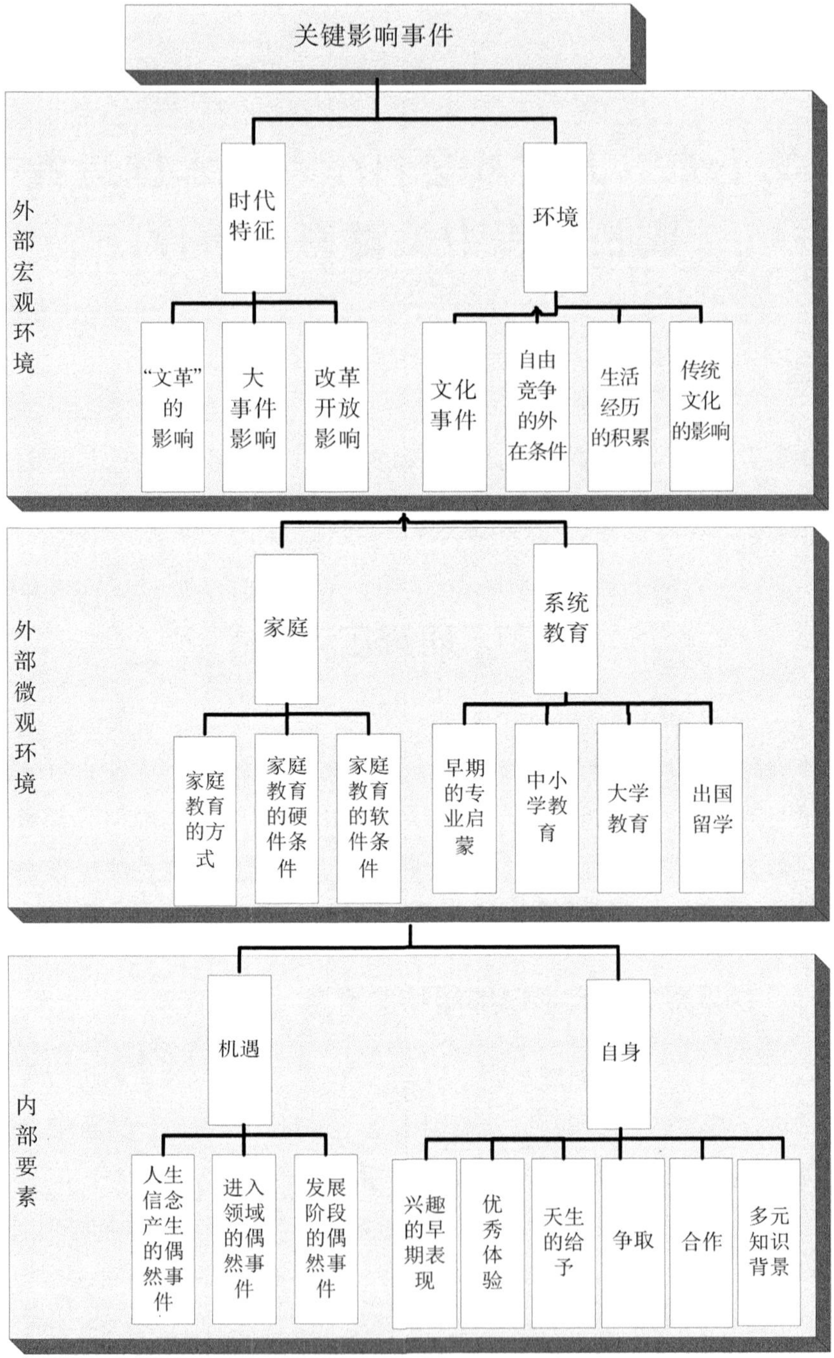


**图7－1　人文社会科学与艺术创造者成长关键事件层次模型**

的风格，做人的风格”“‘文革’大学之路受到影响”“‘文革’影响了做人的感觉”“‘文革’给予读书积累时间”“‘文革’中的自由感觉”“无法无天的自由影响了思维方式”“‘文革’特殊的时代碰到特别好的老师”“家庭出身在‘文革’中受影响”“生活的积累”“各种运动都是影响人的事情”“香港回归也是一些事儿”“朝鲜战争树立了人生信念”“改革开放带来出国的机会，接触了外面世界”“毛泽东、周恩来的教育”“父母挨整，教导局限”“父母什么都不管，自己发展”“良好的经济条件比别人学得多，积累多”“英语好，机会多”“英语好，站得靠前”“和睦的爱，令自己成为积极的人”“6 岁父母离异，后母不好，令人坚强”“家庭父母的教育”“家庭父母非常尊重知识”“家中排行老大，父母期望值很高”“传统文化中的感触”“孔子的和谐之道”“道家文化影响了专业选择”“私塾教育，接触古代文化”“穿梭公园看到周围环境开始思考人生”“会议上日本代表团的嚣张激发信念”“调到了区文化馆，负责给一个雕塑班开门关门，进入领域”“第一次燃烧，决定了道路”“清闲，找事情做进入了领域”“第二次燃烧，找寻动力”“有人出钱帮助渡难关，有关键人帮助说话”“发展关键阶段碰到的机会”“发展关键阶段碰到的老师的激励”“家里的文化熏陶”“父亲的早教”“母亲的做人教育”“家里哥哥姐姐在进入未来专业领域的引导”“小学阶段多元化教育”“中小学自我的竞争心理”“中小学阶段父亲的激励教育”“小学自由的环境激发了对大自然的热爱”“中小学语文数学很好，获奖”“动荡的大学，1957 年及‘文革’前后”“大学名师教导给了方法启发”“大学好的老师的影响”“大学中通过人物发生影响，自我悟性发掘”“大学期间哥哥的指引和影响力”“大学阶段同学间的相互影响”“周围都是优秀的人，自己更要让自己不平凡”“大学自己的表现好，同学和老师的鼓励”“接触到了国内没有的研究”“建立了扎实的理论基础”“从小喜欢自己现在从事的专业领域”“恢复高考，因为年轻，画画老师鼓励考”“老师鼓励自己偶然的作品”“年轻的时候来自各方的鼓励和赞美”“很早发文章，激励作用”“比别的孩子表现得好，获得老师更多的机会”“无论是小学还是中学，我在班里都是最好的，从来没有次好”“年轻刚开始步入领域，就在同行中凸显”“生命本身的一种情绪的起伏”“自己的天赋，悟性很重要”“父母的遗传”“主动给老师写信获得研究生出国机会”“姐姐哥哥都比自己上的学校好”“如何让人更好地跟自己合作，应该也是一个影响因素”“同伴玩耍间的说话权”“要学会听别人的意见”“其他学科的知识背景”“数理逻辑能力”“从小理科好，想学理科”。

## 二、对要素点进一步归纳得到的概念词

要素点的形成主要是对被试描述的事件加以总结和浓缩的结果。这一步主要是以开放编码的结果为材料，进行主轴编码。将开放编码中抽取出来的要素点，加以归纳，将本质上同属于一个性质的要素归类，概括出一个概念词，共得出 23 个概念词。

**文化事件：**“80 年代文化寻根热”。

**自由竞争的外在条件：**“开展研究的基地”“大学竞争环境”“北大的研究环境”“大学安静的环境，静心学习”。

**生活经历的积累：**“教过所有年级的财富”“一个农民的孩子，很多东西容易理解”“生活苦，有机会学习，一定珍惜”“从小庶出被人看不起”。

**传统文化影响：**“传统文化中的感触”“孔子的和谐之道”“道家文化影响了专业选择”“私塾教育，接触古代文化”。

**“文革”的影响：**“‘文革’影响了全方面，影响人格，自我的养成，做事的风格，做人的风格”“‘文革’大学之路受到影响”“‘文革’影响了做人的感觉”“‘文革’给予读书积累时间”“‘文革’中的自由感觉”“无法无天的自由影响了思维方式”“‘文革’特殊的时代碰到特别好的老师”“生活的积累”“家庭出身在‘文革’中受影响”。

**大事件的影响：**“各种运动都是影响人的事情”“香港回归也是一些事儿”“朝鲜战争树立了人生信念”“毛泽东、周恩来的教育”。

**改革开放：**“改革开放带来出国的机会，接触了外面世界”。

**早期专业启蒙：**“家里的文化熏陶”“父亲的早教”“母亲的做人教

育”“家里哥哥姐姐在进入未来专业领域的引导”。

**中小学的教育**：“小学阶段多元化教育”“中小学阶段父亲的激励教育”“小学自由的环境激发了对大自然的热爱”“中小学语文数学很好，获奖”“中小学自我的竞争心理”。

**大学的教育**：“动荡的大学，1957 年及‘文革’前后”“大学名师教导给了方法启发”“大学好的老师的影响”“大学中通过人物发生影响自我悟性发掘”“大学期间哥哥的指引和影响力”“大学阶段同学间的相互影响”“周围都是优秀的人，自己更要让自己不平凡”“大学自己的表现好，同学和老师的鼓励”。

**出国留学**：“接触到了国内没有的研究”“建立了扎实的理论基础”。

**家庭教育方式**：“父母挨整，教导局限”“父母什么都不管，自己发展”。

**家庭的硬件条件**：“良好的经济条件比别人学得多，积累多”“英语学习机会好，后期机会多”“英语好，站得靠前”。

**家庭的软件条件**：“和睦的爱，令自己成为积极的人”“6 岁父母离异，后母不好，令人坚强”“家庭父母言语的教育”“家庭父母非常尊重知识”“家中排行老大，父母期望值很高”。

**兴趣的早期表现**：“从小喜欢自己现在从事的专业领域”。

**从小到步入领域初期的优秀体验**：“恢复高考，因为年轻，画画老师鼓励考”“老师鼓励自己偶然的作品”“年轻的时候来自各方的鼓励和赞美”“很早发文章，激励作用”“比别的孩子表现得好，获得老师更多的机会”“无论是小学还是中学，我在班里都是最好的，从来没有次好”“年轻刚开始步入领域，就在同行中的凸显”。

**天生的给予**：“生命本身的一种情绪的起伏”“自己的天赋，悟性很重要”“父母的遗传”。

**争取**：“主动给老师写信获得研究生出国机会”“姐姐哥哥都比自己上的学校好”。

**合作**：“如何让人更好地跟自己合作，应该也是一个影响因素”“同伴玩耍间的说话权”“要学会听别人的意见”。

**多元知识背景：**“其他学科的知识背景”“数理逻辑能力”“从小理科好，想学理科”。

**人生信念产生的偶然事件：**“穿梭公园看到周围环境开始思考人生”“会议上日本代表团的嚣张激发信念”。

**进入领域的偶然事件：**“调到了区文化馆，负责给一个雕塑班开门关门，进入领域”“第一次燃烧，决定了道路”“清闲，找事情做进入了领域”。

**发展阶段的偶然事件：**“第二次燃烧，找寻动力”“有人出钱帮助渡难关，有关键人帮助说话”“发展关键阶段碰到的机会”“发展关键阶段碰到的老师的激励”。

## 三、对概念词进一步归纳，发展出的核心类别

这一步完成的主要是选择编码的工作：将23个概念词进一步归纳连接，获得六个核心类别。

**环境：**文化事件，自由竞争的外在条件，生活经历的积累，传统文化影响。

**时代特征：**“文革”的影响，大事件的影响，改革开放。

**不同阶段的教育：**早期专业启蒙，中小学的教育，大学的教育，出国留学。

**家庭：**家庭教育方式，家庭的硬件条件，家庭的软件条件。

**自身：**兴趣的早期表现，从小到步入领域初期的优秀体验，天生的给予，争取，合作，多元知识背景。

**机遇：**人生信念产生的偶然事件，进入领域的偶然事件，发展阶段的偶然事件。

## 四、人文社会科学与艺术创造者关键影响事件描述性分析结果

进一步针对38位被试的访谈文本资料进行分析。依照开放编码中形成的83个要素点，凡是被试文本资料出现过的就在该要素点上计分“1”，

首先得到38位被试在83个要素点上的频次。然后再依照主轴编码形成的概念词，将频次求和，得到表7－1的统计结果。

**表7－1　人文社会科学与艺术领域的创造者成长关键影响事件频次及排序**

| 核心类别 | 概念词 | 频次 | 占所有频次的比例（%） | 概念词比例排序 | 核心类别比例排序 |
|---|---|---|---|---|---|
| 时代特征 | “文革”的影响 | 16 | 12.21 | 1 | |
| | 大事件的影响 | 5 | 3.82 | 11 | |
| | 改革开放 | 2 | 1.53 | 20 | |
| | Total | 23 | 17.56 | | 3 |
| 环境 | 文化事件 | 2 | 1.53 | 20 | |
| | 自由竞争的外在条件 | 6 | 4.58 | 9 | |
| | 生活经历的积累 | 3 | 2.29 | 17 | |
| | 传统文化影响 | 4 | 3.05 | 13 | |
| | Total | 15 | 11.45 | | 4 |
| 家庭 | 家庭教育方式 | 4 | 3.05 | 13 | |
| | 家庭的硬件条件 | 3 | 2.29 | 17 | |
| | 家庭的软件条件 | 7 | 5.34 | 7 | |
| | Total | 14 | 10.68 | | 6 |
| 系统教育 | 早期专业启蒙 | 9 | 6.87 | 4 | |
| | 中小学的教育 | 10 | 7.63 | 2 | |
| | 大学的教育 | 10 | 7.63 | 2 | |
| | 出国留学 | 8 | 6.11 | 6 | |
| | Total | 37 | 28.24 | | 1 |
| 自身 | 兴趣的早期表现 | 2 | 1.53 | 20 | |
| | 优秀体验 | 9 | 6.87 | 4 | |
| | 天生的给予 | 6 | 4.58 | 9 | |
| | 争取 | 2 | 1.53 | 20 | |
| | 合作 | 4 | 3.05 | 13 | |
| | 多元知识背景 | 4 | 3.05 | 13 | |
| | Total | 27 | 20.61 | | 2 |

续表

| 核心类别 | 概念词 | 频次 | 占所有频次的比例（%） | 概念词比例排序 | 核心类别比例排序 |
|---|---|---|---|---|---|
| 机遇 | 人生信念产生的偶然事件 | 3 | 2.29 | 17 | |
| | 进入领域的偶然事件 | 5 | 3.82 | 11 | |
| | 发展阶段的偶然事件 | 7 | 5.34 | 7 | |
| | Total | 15 | 11.45 | | 4 |

## 第二节　系统教育的作用

从表 7－1 的核心类别排序中我们可以看到，被试提及的影响事件中和教育相关的最多，在图 7－2 中我们也可以看到，发生“早期专业启蒙”“中小学的教育”“大学的教育”“出国留学”这一部分的事件所占的面积也是六个核心类别中最大的。数据结果显示一个人在取得创造性成就的成长过程中系统教育起着非常重要的作用。

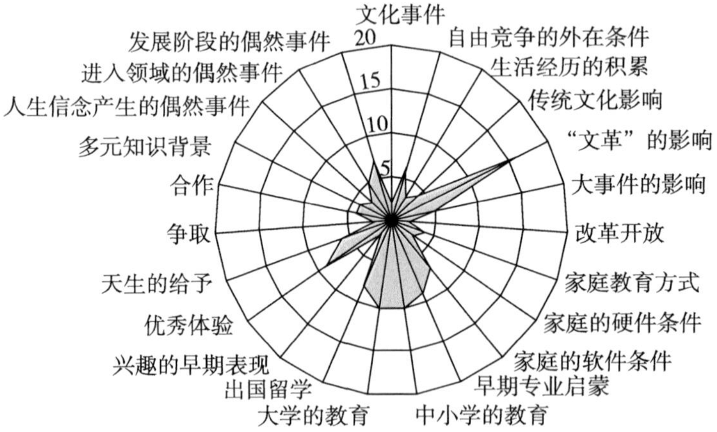


**图 7－2　人文社会科学与艺术创造者成长关键影响事件的雷达图示意**

这里是我们对系统教育的划分标准：从幼儿时在家中受到的熏陶开

始，直到走上工作岗位的初期为止。

## 一、兴趣的引路——启蒙

启蒙教育给很多的被试留下了深刻的印象，他们在提及对自己影响很重要的事情的时候，都将之列为其中之一。

启蒙教育的发生，一般都依附于某一个人，我们在这里称为“启蒙老师”。启蒙老师并非特指从事教育行业的教师，一般来说，启蒙老师分为以下三种。

一种是家庭成员。家庭氛围的熏陶是孩子早期启蒙的一种主要形式。如果家中藏书很多、文化气氛较浓的话，父母就会在不经意之间将知识传达给孩子，激发孩子的学习兴趣，为日后进入相关的专业领域埋下星星之火，所谓“书香世家”就是这么来的。而我们采访的被试中，不少都提到了这个方面，以下是他们的一些相关叙述。

“我的外婆是知识分子，她在我小的时候就会经常给我念一些诗，比如杜甫的《茅屋为秋风所破歌》之类的，这就让我从小就对这方面积累起了极大的兴趣和好感。”“我的父亲有比较高的文学素养，也是当时很有名的书法家，而他就是在一种很优越的文化氛围里长大，因此他很注意培养我们这方面的兴趣和能力。当然他并不是要让我们成为文学家，只是他认为一个人就应该懂得文学的。”“当时两个姐姐就开始学钢琴，我发现我对这方面特别感兴趣，所以在她们弹钢琴的时候，我就站在旁边听。”

另一种是中小学教育，尤其是小学老师给予的启蒙教育。除家庭氛围给予的启蒙外，求学年龄学校的老师给予的启蒙也是不可忽视的。演员濮存昕曾说：“可以说，我的成长经历和我的老师都有关系。”在他四年级的时候，从他的老师曹怡那里得到了第一次当演员的机会——他装扮成圣诞老人的样子念着朗诵词。许多年后提起这件事，他仍旧感慨万分：“虽然人过中年，但印象仍很深刻，这是我第一次以角色的身份在表演，是老师给予了第一个机会。”我们所采访的很多被试也提到了这个方面。

“我上中学的时候有一个语文老师，我们那个时候读的书都是古文。”

“我就只好读私塾，就念那些‘圣人训’的东西，我觉得很好、很新鲜。读了两年以后，当我转到学校里的时候，我的语文就非常突出。”

还有一种是生活中碰到的相关领域的人，成了最早的启蒙老师。这一点在我们的日常生活中更是比比皆是，在现代媒体已经如此发达的当下，我们能够了解的人已经扩展到了全世界，因此在这个方面的影响其实十分值得重视。我们经常能听到一些类似于“我非常喜欢某个球星/歌星/演员/科学家”的言论，而这些在某种程度上极大地激发了创造者自身的兴趣。我们所采访的很多被试也提到了这个方面。

“在我非常小的时候，附近有一个姐姐特别喜欢文艺，她也特别喜欢我，带着我看样板戏、教我唱。”“哥哥的很多朋友都是搞音乐的，我对这个很有兴趣，就经常跟着哥哥。”

无论是哪种形式的启蒙教育，都有一个显著特点：非强制性，孩子不用完成一个特定的目标，也不是为了特定的目的去学，都是在无意识的情况下产生了极强的兴趣，进而为日后的发展埋下了伏笔。

## 二、大学教育——创造性成就取得的必经之路

此次受访的38位被试，无论是生于20世纪初期还是20世纪中期，无论经历过什么样的时代，除了有一位被试（唯一一位没入读过大学的被试，也是进入当时国家一流的文艺团体，但实际上他所接受的也是类似于今天艺术院校的系统高等教育）没有正式进入大学外，其他被试都是从系统的大学教育中走出来的。

大学教育中对被试产生最大影响的就是碰到了优秀的老师。这些优秀的老师并非都是自己专业领域的老师，有一些是其他领域的老师，但是他们的授课也给予了被试深远的影响。这些老师课上讲述的研究方法、研究视角都有可能成为日后影响被试创造的关键事件。教师的影响作用，我们将在本书第八章做进一步的探讨。

## 三、中小学的教育形式

在被试提及的关键影响事件中，有不少是对中小学自由开放、多元化

教育的回溯。例如，一些被试所提到的“学校民主开放思想”“中学老师教会了学习，还教会了锻炼身体”“正好‘文革’，自由的思维”“多元的教育，在学校演话剧”，等等。由此可见开放的教学思想、丰富的教育形式也是教学中不可忽视的一环。

学生在学校中的生活并不是一潭死水似的读书，所谓“两耳不闻窗外事，一心只读圣贤书”显然是不合适的，取而代之的，我们真正应提倡的“风声雨声读书声，声声入耳；家事国事天下事，事事关心”，这是在学习的态度和内容上我们应当尽量做到的。而在学习的形式上，学生最重要的任务无疑是认真学习、多读书，但各种各样的教学、课余活动也对培养学生思维有重要影响。通过分析被试提供给我们的文本资料，我们发现这样的五彩斑斓的学校生活的记忆，大多都是学校的教育形式给学生带来的。他们描述的学校生活，在教育思想上倡导民主开放的思想，学生可以有自己的发言权；教育形式上也不仅仅是完成知识的传授，还会组织各种各样的社团丰富学生们的课余生活，学校的社团活动非常发达，有话剧团、音乐社等各种各样的形式。

多样的教育形式和教育活动是被试对自己中小学阶段生活认可的一个主要原因。每个学生都有机会参加学校丰富多样的活动，我们现行的教育体系倡导的素质教育与这种教育形式非常吻合。但是不得不指出的是，他们当年参加活动的深入性，是我们现在的学生无法企及的。

## 四、出国留学的意义

在所有影响事件的提及频率比例中，出国留学影响作用被提及的比例占6.11%，排在第六位。可见出国对一个人创造性成就的取得还是有至关重要的作用的。黄林洁琼（2018）引用大量实证研究论证多元文化经历促进创造力这一假设。她认为深度参与两种不一致的文化活动是多元文化经历提升创造力的前提条件；在融合过程中，双重认同者获得的交替、整合和包含等认知技能，促进个体的创造性表现。

笔者通过分析被试的经历，认为出国给一个人带来的影响主要有以下两个方面。

第一，给一个人在专业领域的成长开辟了新的成长点。受访的被试提及，在国外学习的过程中，他有机会接触先前在国内没有接触到的理论思潮、思想体系，为自己进一步的研究开辟了新的思路、提供了新的方法，而这种思想文化上的熏陶往往是很难仅仅通过课本以及国内的授课来达到的。诗人艾青的经历在某种程度上就印证了这一点：艾青早年曾在法国巴黎留学，时间长达三年，而在这三年里，艾青除继续学习自己的专业知识外，更多地感受到了那里的文学氛围，受法国的印象主义绘画和象征主义诗歌的影响很大。

第二，出国不仅开辟了新的成长点，而且给一个人在专业领域的成长打下坚实的基础。很多人的创造性成就的最为坚实的基础就是在这个阶段奠定的，在国外的学习中他们接触了自己专业领域的最为顶级的老师、接触了最为先进的理论，这些积累都是日后取得创造性成就不可或缺的准备。

## 第三节　社会的职责

### 一、时代对一个人的影响

时代特征对一个人影响的关键作用排在系统教育之后，名列第二。西尔伯艾森（Silbereisen，2010）在《社会变化与向成人的转变》一文中指出，大的政治事件、社会变化会影响人的发展。并且在这个影响道路上，自我效能是一种应对社会和政治体系迅速变化的重要资源。这和我们的研究结果非常一致，时代特征中一系列重大的政治事件对人的发展起到关键作用，它的影响至关重要。

这种影响是全方位的，它可以影响人的思维方式、行为方式乃至世界观。更为重要的是，我们的研究对象所处的领域大都是与社会和人的生活息息相关，他们的创造大多是来源于对生活的体悟和感知，因此时代特征中大的政治事件都是他们进行创造的第一手资料，是他们创造的源泉。

被试提到的大的政治事件包括抗日战争、解放战争、抗美援朝战争，还有“文革”、香港回归、改革开放等。抗日战争、解放战争带动了一大批的热血青年投入其中，受访的许多被试都是在这种政治条件下对时代、对国情、对历史进行了深刻反思，并由此从各个领域投身到人文社会科学或是艺术领域，通过自己的方式为国家服务，同时也在各自的领域做出富有创造性的贡献。香港回归等事件都曾经是很多艺术家笔下的创造主题，这些主题的深刻性使它们往往成为被试创作生涯中里程碑式的作品，很多被试都是通过这样的一些作品在其从事的领域内取得了创造性的成就，并得到领域内的认可。而改革开放的不断深入更是为被试带来了机会，使他们有可能在自己的领域中最大限度地吸收知识，积累深厚的知识储备，为获得创造性成就创造条件。

在所有的事件中，作用最为突出的是“‘文革’的影响”。在我们总结出的23个影响事件概念词中，它被提及的频次最多，排名第一，从这里我们可以看到“文革”对现阶段我国人文社会科学与艺术创造群体的重大影响。

“文革”虽然在很多人的回忆中都是阴暗惨淡的，但是所有提及“文革”对自己关键影响的时候，被试中没有人认为这件事情对自己的影响是完全负面的，相反很多被试承认在某些方面上他们从“文革”也获得了很多。这正符合辩证法的思想，任何事情都是有两面性的，有好的一面必然也有坏的一面，有积极的一面必然有消极的一面，正如古语所讲“祸福相倚”。在这里我们可以看到，被试提及“文革”对自己的影响时，他们所关注的关键并不是事件本身的性质，也不是“文革”的惨痛经历给自己带来了多少痛苦，而是他们能从中获得什么。当伤害已经无法挽回、废墟需要重建时，一味沉溺于过去的苦痛是无济于事的，毕竟在反思总结经验后，我们仍要收拾好行囊继续向前。在这里我们通过分析这些被试的文本，总结出“文革”对被试的影响主要分为以下五个方面。

第一，“文革”会对人格方面有一定的影响。有被试说起“文革”时直接指出它影响了自己的为人处世的方式——“‘文革’影响人格，自我的养成，做事的风格，做人的风格”。

第二，“文革”的特殊的政治社会状态在思维上对被试也产生很大的影响。不止一位被试提到“自由感觉”“无法无天的自由影响了思维方式”。我们必须承认“文革”中社会秩序的混乱、法律形同虚设的状态对社会造成了巨大的伤害，可是在这样的社会环境下成长起来的部分孩子，却意外地有着异常活跃、自由的思维。在那种状态下，我们所采访的其中一部分被试如同《阳光灿烂的日子》中的孩子一样放肆地成长着。

第三，“文革”十年的巨大空白期给予部分被试很长一段时间的积累成长阶段，在这个阶段他们能够心无旁骛地潜心积累沉淀、充分利用这段时间，为后来的作品奠定了坚实的基础。反观当下，我们处于一个快节奏的生活工作状态，快餐文化的盛行更是彰显着人心的浮躁，在这样的社会现实下，我们更应当沉下心来静心积累、厚积薄发。

第四，“文革”作为一个巨大的历史事件，提供给当世人和后世人的不仅仅是经验和教训，也不仅仅是一段生活的经验。这样一个特殊的历史时期也造就了特殊的文化产品，无论是事中还是事后“文革”都给经历过的人提供了丰富的素材，正所谓“当局者迷，旁观者清”，可有时候正是这种“迷”的状态，这种独特的心理感受会让艺术家创造出带有那个时代鲜明特色的、后人无法简单模仿的作品。

第五，“文革”改变了很多人的人生道路，这一点可以说是“文革”留给后世人最深的印象。在这一层面上，“文革”的到来无疑是一场悲剧，它让很多原本可以大有作为的人的生命在受尽屈辱后戛然而止。但我们在采访的过程中也发现“文革”给部分人带来了特殊的机遇。一位被试提到如果不是“文革”，他不会走上现在的音乐道路。对当时的他来说，物理化学才是他比较感兴趣的领域，但是“文革”的到来截断了他继续求学的道路，由此重拾练过一段时间的乐器，并逐渐在这条路上越走越远，直到获得今天的成就。还有被试在“文革”期间遇到了自己在这个领域的领路人，如若不是下乡的经历，他可能并不会接触这个领域。

任何一个时代都有那个时代特有的一些标志性事件，这种事件对人的影响时间越长，波及的范围越广，对人的影响也就越深刻。从各个方面来说，创造性人才在各自的研究领域取得的突破性的成就、创造性成果显然都是无法摆脱这种影响的。这不仅从我们采访的被试身上可以发现这一点，回顾整个文明的发展史我们发现也是如此——科学领域取得最辉煌成就的阶段是在全世界科学技术革命的社会环境中；欧洲文艺复兴时期在整个社会环境的影响下，造就的一大批有影响的思想家、文学家、艺术家，留下一笔笔丰富的无可替代的精神财富，都是时代造就创造的典范。

## 二、环境的价值

阿马比尔（Amabile）、西蒙顿（Simoton）和霍华德（Howard E Gruber）通过研究都提出：一个人的创造性成就不仅仅依赖天赋、依赖个体的努力程度、内在的动机或是其他人格特质，还要考虑社会环境各个要素对其产生的影响。

在本研究中此结论得到了验证。这里的环境我们更多考虑的是一个人所处的团体环境，本研究得出的环境要素包括以下四个方面：自由竞争的外在条件、生活经历的积累、传统文化影响、文化事件。

### （一）自由竞争的外在条件

教师和同伴的引导、鼓励，学习环境的开放性都能够有效地促进学生才华的崭露、专业的定向，这点在本研究中也得到验证。不少被试强调在一个开放的充分给予机会的条件中，可以更加自由地发挥自己。不被外界的名利所诱导，不被世俗的评价所制约，是一个人取得成就的关键所在。

除开放性的环境和条件外，本研究还发现很多被试都提及竞争环境对一个人的影响也是不可忽视的，尤其在系统教育的大学阶段以及在大学阶段之前的教育中。一定的竞争环境可以激发人强烈的欲望，这个在领域积累阶段显得尤为重要。我们在之后的关于创造过程中的研究中会更为具体地讨论知识的积累对创造性成就最终取得的重要作用。竞争环境对领域知识积累阶段的重要作用，最后会转化为对创造性成就的作用。

### （二）生活经历的积累

洛克，现代经验主义哲学之父，阐释过经验主义原理，他认为知识仅仅来源于经验（徐会中，2018）。他提出的著名的明喻——白板说，指出心灵如同一张白纸，经验在这张白纸上描绘各种观念。他指出人的发展过程就是经验积累的过程，创造性成就的取得也应该离不开这个经验的积累过程。

本研究的结果充分表明，生活的经验和经历的积累对被试日后取得创造性成就有着重要影响。这种影响有的是直接影响，比如说生活中的积累直接对自己研究的领域产生影响；或者研究本身就来源于对生活的认识；或者是生活的积累给予了启发，使得研究过程获得了突破、摆脱了瓶颈。一些被试的言论也体现了这些方面：“所有的年级都教过的知识，为日后的研究奠定基础”“一个农民的孩子，很多东西容易理解”。有的影响是间接的，比如说：生活的积累树立了个人的信念，由此养成了有助于创造性成就取得的人格特征，这些间接影响最终作用于被试的创造过程。在研究中我们发现，逆境更有助于培养人的坚定、坚持的性格特征，正如俗话说的“只会在水泥地上走路的人，永远不会留下深深的脚印。”有时候顺境反而会使人丧失思考的能力、丧失抵御困难的心性。被试提到的逆境环境，比如说多次被提到的“文革”，还有被试提到自己从小庶出的身份，后母的恶劣对待等逆境环境都影响了被试日后的成长。正如松下幸之助所说：“困难带来阅历，阅历给人智慧。逆境这是天赋其人的可贵考验，在逆境中受过锻炼而走过来的人，可谓坚韧不拔。”

### （三）传统文化影响

传统文化对被试气质、性格养成的重要影响是研究者在研究之初所没有估计到的。通过对访谈文本资料的逐步分析，传统文化对被试各方面的影响凸显出来。

这种影响一般来说是有一个发展过程的。首先是家庭对传统文化的重视，形成了一个潜移默化的文化氛围，从而影响了一个人的最早对于知识的态度，影响了一个人的人生态度，影响了其行为和思考方式。这种影响延续到研究领域，就会影响到一个人对研究的态度、对研究领域的认识，从而影响一个人对研究问题的思考，对解决问题所采取的方式，最终影响一个人的创造过程。我们来看具体例证：

"我不完全赞成咱们的传统文化。有些传统文化是会限制自身发展的。在科学这个方面，咱们传统思想要么认为这个世界是已知的，不需要再探索；要么就是神秘主义，是不可知的，不主张人去探索。所以这方面我更愿意接受现代主义，因为我觉得西方文明这一块比较好，它不断地在寻求未知的东西。"

"那我觉得那个思想其实也代表大部分建筑师的思想。也就是认为，应该考虑它所处地带，这个建筑应该跟它的环境是和谐的。这里头就牵扯到另外一个问题——价值观。我们中国人传统的价值观，就是'和而不同'。孔子就说过这句话：'君子，和而不同；小人，同而不和。'"

"我在小学和家里接受的教育，是多元的、知识结构完备的教育。我出生在一个高级知识分子家庭，我父亲是某铁路的总工程师，我们家族出了很多大学者，我的祖父是一个大的博学家，我的叔祖父也应该是一个博学家。我父亲是在一种很优越的文化氛围里长大的，我受父亲的影响比较大，虽然他是建铁路的，但他有比较高的文学素养，也是当时很有名的书法家。"

"我从小就喜欢道家，这跟我小时候受父亲、家庭教育的影响是分不开的。我父亲就跟我说，不要贪慕荣利，叫我将来不要做官场中人，要做学问中人，所以我喜欢老子、庄子，特别喜欢陶渊明。"

## 第四节　优秀体验的作用

优秀的体验这个概念词属于自身的作用这个核心类别之中。自身的影响要素很多，大部分涉及人格特征，在前文的章节中已经有所探讨，这里主要讨论优秀体验的关键作用。

米哈伊（2001）的研究也发现最具创意的人和最成功的画家是那些在艺术院校时内部动机得分最高的人。他们在艺术的世界中感受到自我的成功体验和乐趣，激发了他们内部的高动机（Sawyer，2012）。这点在本研究中也得到证明。

38 位被试中有 9 位在讲述的影响事件中提及优秀的体验对自己的巨大影响作用，仅排在“文革”、大学、中小学教育之后。这些优秀体验实例如下：“老师鼓励被试偶然的雕塑作品”“年轻的时候来自各方的鼓励和赞美”“很早发文章，激励作用”“比别的孩子快一点，老师都喜欢那些，他觉得你挺灵的，就抓着你做，你又高兴，他给你出题你就做”“无论是小学还是中学，我在班里都是最好的，从来没有次好”“刚开始写诗时，就在同行中十分凸显”。

为什么优秀体验给各位被试留下如此深刻的印象，对他们产生如此重要的影响呢？这可以用社会心理学经典理论——镜像自我理论来解释。镜像自我理论强调人通过他人认识自我，建立自我概念，而这些优秀体验正是一个认识优秀自我、建立高自我效能感的一个镜子。个体在别人对自己的赞美和认可中获得快乐和满足感，逐渐在成功中找到自信，形成高的自我效能。这种良好的自我状况又会激发个体进一步追求更高成就的欲望，从而有了创造的前提条件。

优秀体验产生作用的途径一般为：自己表现得好→被别人发现并予以鼓励→个体得到正面的强化→从而使这种优秀的体验固着→建立自信→迎接更大的挑战→自己表现得好……由此再次回到上面的良性循环中。在这个过程中，当创造过程的要素都满足时，就取得了创造性成就。

## 第五节　机遇——成就的必要条件

虽然机遇不是成功的充分条件，但一个人的成功大多数又离不开机遇，因此我们称为必要条件。如同《管子·霸言》所说："知者善谋，不如当时。"这句话的意思是：智者善于谋事，但不如抓好时机。由此可以看出机遇的重要性。在38位被试中，将机遇列为对自己或是某项成就有关键作用的人占11.5%——一个中等水平的比例。

机遇一般都附着于一定的偶然事件而发生。这里的机遇包括三种形式的机遇，它们发生在个体发展的不同阶段。这三种机遇形式中又以最后一种最为重要，被提及的频率最高。

第一种是人生信念产生的偶然事件，这个时候碰到的偶然事件往往会激发人对某个领域的特别坚定的信念，从而为自己日后的发展方向埋下最早的种子。第二种是进入领域的偶然事件，这种事件往往引导个体步入某个领域，并最后取得该领域的创造性成就。第三种是发展阶段的偶然事件，这个发展阶段，一方面是指个体发展的阶段，另一方面也指某个具体创造中的不同发展阶段。在发展阶段遇到的事情、碰到的人，都有可能决定创造过程能否最终完成并获得成功。

# 第八章　影响人文社会科学与艺术创造者发展的重要他人

## 第一节　研究方法介绍

### 一、编码过程

在创造性人才成长的过程中，除第七章所提到的客观因素外，出现在被试生命中的重要他人对被试的成长也起到不同的作用。本章试图通过系统的分析和研究来揭示重要他人对人文社会科学与艺术创造者发展的具体影响作用。

我们采用开放编码和主轴编码同时进行的方式，对访谈文本进行了细致分析。被试在访谈过程中提到的对个体有重要影响的具体对象或类别共有 21 个，分别是：

毛泽东，周恩来，希特勒，大科学家，中学时期美国牧师，地下党，名师，中小学老师，领域内老师，工作中的领导（先辈），父母，邻居，兄弟姐妹，同行，合作者，同学，女儿，爱人，书，爷爷辈，自己。

除自己外，将 20 个被提及的人物加以归纳，将本质上同属于一个性质的概念词归类，获得六个核心类别，分别为：

**政治人物：**毛泽东，周恩来，希特勒。

**思想引领者：**中学时期美国牧师，地下党。

**虚体人物：**大科学家，书。

**老师**：名师，中小学老师，领域内老师。

**家庭成员**：父母，兄弟姐妹，女儿，爱人，爷爷辈。

**社会交往中他人**：邻居，同行，合作者，同学，工作中的领导（先辈）。

## 二、影响源被提及的频次分布特征

进一步针对38位被试的访谈文本资料进行分析。依照开放编码中形成的20个影响源，凡是被试文本资料出现过的在该影响源上就计分为“1”，最后得到38个被试在20个影响源上的频次表。

然后再依照主轴编码形成的核心类别，将频次求和，得到表8－1的统计结果，以及图8－1的雷达图示意。

**表8－1　人文社会科学与艺术创造者成长重要他人频次及排序**

| 核心类别 | 概念词 | 频次 | 占所有频次的比例（%） | 概念词比例排序 | 核心类别比例排序 |
|---|---|---|---|---|---|
| 政治人物 | 毛泽东 | 3 | 3.45 | 7 | |
| | 周恩来 | 2 | 2.30 | 10 | |
| | 希特勒 | 1 | 1.15 | 14 | |
| | Total | 6 | 6.90 | | 5 |
| 思想引领者 | 中学时期美国牧师 | 1 | 1.15 | 14 | |
| | 地下党 | 2 | 2.30 | 10 | |
| | Total | 3 | 3.45 | | 6 |
| 虚体人物 | 大科学家 | 1 | 1.15 | 14 | |
| | 书 | 7 | 8.05 | 3 | |
| | Total | 8 | 9.20 | | 4 |
| 老师 | 名师 | 7 | 8.04 | 3 | |
| | 中小学老师 | 3 | 3.45 | 7 | |
| | 领域内老师 | 20 | 22.99 | 1 | |
| | Total | 30 | 34.48 | | 1 |

续表

| 核心类别 | 概念词 | 频次 | 占所有频次的比例（%） | 概念词比例排序 | 核心类别比例排序 |
|---|---|---|---|---|---|
| 家庭成员 | 父母 | 19 | 21.84 | 2 | |
| | 兄弟姐妹 | 3 | 3.45 | 7 | |
| | 儿女 | 1 | 1.15 | 14 | |
| | 爱人 | 4 | 4.60 | 6 | |
| | 爷爷辈 | 1 | 1.15 | 14 | |
| | Total | 28 | 32.18 | | 2 |
| 社会交往中他人 | 邻居 | 1 | 1.15 | 14 | |
| | 同行 | 6 | 6.90 | 5 | |
| | 合作者 | 2 | 2.30 | 10 | |
| | 同学 | 2 | 2.30 | 10 | |
| | 工作中的领导（先辈） | 1 | 1.15 | 14 | |
| | Total | 12 | 13.79 | | 3 |

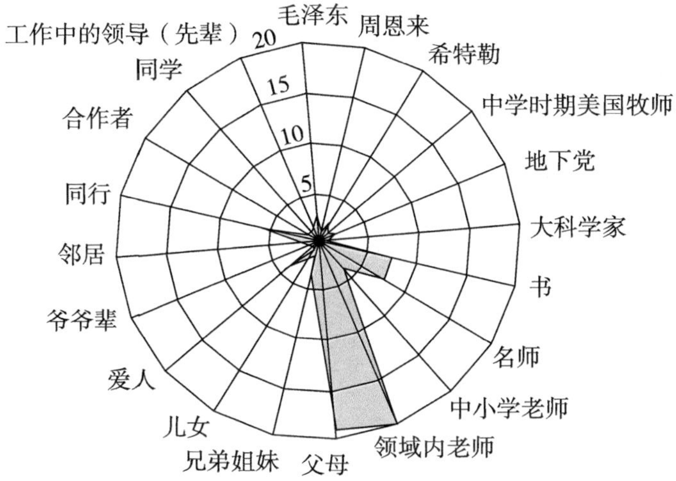


**图 8-1　人文社会科学与艺术创造者成长影响源雷达图示意**

# 第二节　人文社会科学与艺术创造者发展过程中影响源的作用

## 一、影响作用与人物的对应关系点

依照开放编码的步骤，将被试所提及的他人对自己发生的影响语句进行提取、归纳，形成71个意义单元，分别为：

“文化创造，文化塑造了整个人”“无法无天的思维”“大刀阔斧的思维，还有就是野心”“人格魅力，榜样力量告诉自己要做有追求的人”“安排了我的人生之路”“对未知世界的渴望，他们的智慧”“建立信仰的引路人”“我们的一生不能这样，我们都还年轻，需要看看外面的世界”“信仰革命的引路人”“父母给的开放民主的教育”“父母的做人影响”“母亲认真的做人态度”“母亲的坚强”“母亲的先进教育方法”“父亲做事态度的潜移默化的影响”“父亲全方位的影响包括遗传做人”“父母重视求知上学”“排行老大，父母的高期望”“父亲影响信仰的形成”“母亲的知识教育”“母亲重视知识，人生观的教育”“父亲的早期教育”“父母给予了艺术熏陶”“家和社会的不和谐，学会思考人生”“学问影响”“家庭氛围”“交往的人提高了自己的品位”“给予机会”“思路上的引导”“文学老师给予的积累”“ 给予了出国机会”“专业的积累”“方法和理论的学习”“工作方式的学习”“鼓励”“老师教读报，思维的训练”“我要把标杆立到最高，出国读研究生，我出国了，出国以后我要找到国外最好的老师”“老师引导找准了研究点”“激励自己的榜样”“教会勤奋”“邻居家姐姐（哥哥）专业启蒙”“堂兄榜样”“中学老师倡导新思想，对自己影响很大”“小学老师的高期望”“外婆或是外祖父的早期领域启蒙”“专业领域的老师，建立了通向领域之门的感觉”“专业的老师给了启蒙教育”“大学校长的思想工作，系主任的动员”“在需要进入领域时，给了机会”“我就觉得佩服。榜样力量”“共同前进”“启发了自己的研究”“激发创作欲望”“大胆地寻求帮助和合作”“合作者相互补充”“同学们都很想有成就，自己受影响也想有成就”“在一个另类的学校，自己不甘平庸”“中学老师的表扬，激发了努力”“（女儿）启发和反思自己的工具”“（女儿）外界新事物的传递者”“在（跟老师）学习中自我反思”“（爱人）全力的支持，事业的相携，生活的照顾”“（爱人）毫不留情地专业评价”“（爱人）不束缚的自由”“（书）超越现实生活，超越你固有的眼界——开拓眼界”“（通过书）你外部世界学习得多了以后，你内部世界就升华了。它会使你的创作具备质量。使你的这种灵感具有质量——自我提高”“你看书，越看书越知道，这个不是说我要掌握就掌握，这是慢慢体会的”“书造就了我”“学习并内化成自己的”“书中的人物对自己的影响”“就是喜欢探索，喜欢思考，喜欢创新，喜欢与众不同，喜欢跟时代紧密地结合起来”“一个是我的这个本性，一个就是我所遇到的那个时代”。

以开放编码的结果为材料，进行主轴编码。将开放编码中抽取出来的要素点，加以分析归类，参照六种影响者的分类，将作用相同的一类意义单元合并，得到以下归纳结果。

**政治人物：**“文化创造，文化塑造了整个人”“无法无天的思维”“大刀阔斧的思维，还有就是野心”“人格魅力，榜样力量要做有追求的人”“安排了我的人生之路”。

**思想引领者：**“建立信仰的引路人”“信仰革命的引路人”。

**虚体人物：**“对未知世界的渴望，他们的智慧”“（书）超越现实生活，超越你固有的眼界——开拓眼界”“（通过书）你外部世界学习得多了以后，你内部世界就升华了。它会使你的创作具备质量。使你的这种灵感具有质量——自我提高”“你看书，越看书越知道，这个不是说我要掌握就掌握，这是慢慢地体会的”“书造就了我”“学习并内化成自己的”“书中的人物对自己的影响”。

**老师：**“我们的一生不能这样，我们都还年轻，需要看看外面的世界”“学问影响”“家庭氛围”“交往的人提高了自己的品位”“给予机会”“思路上的引导”“文学老师给予的积累”“ 给予了出国机会”“专业的积累”“方法和理论的学习”“工作方式的学习”“鼓励”“老师教读报，思维的训练”“我要把标杆立到最高，出国读研究生，我出国了，出国以后我要找到国外最好的老师”“老师引导找准了研究点”“激励自己的榜样”“教会勤奋”“中学老师倡导新思想，对自己影响很大”“小学老师的高期望”“专业领域的老师，建立了通向领域之门的感觉”“专业的老师给了启蒙教育”“大学校长的思想工作，系主任的动员”“在需要进入领域时，给了机会”“中学老师的表扬，激发了努力”“在（跟老师）学习中自我反思”。

**家庭成员：**“父母给的开放民主的教育”“父母的做人影响”“母亲认真的做人态度”“母亲的坚强”“母亲的先进教育方法”“父亲做事态度的潜移默化的影响”“父亲全方位的影响包括遗传做人”“父母重视求知上学”“排行老大，父母的高期望”“父亲影响信仰的形成”“母亲的知识教育”“母亲重视知识，人生观的教育”“父亲的早期教育”“父母给予了艺术熏陶”“家和社会的不和谐，学会思考人生”“外婆或是外祖父的早期领域启蒙”“（女儿）启发和反思自己的工具”“（女儿）外界新事物的传递者”“（爱人）全力的支持，事业的相携，生活的照顾”“（爱人）毫不留情的专业评价”“（爱人）不束缚的自由”。

**社会交往中他人：**“邻居家姐姐（哥哥）专业启蒙”“堂兄榜样”“我就觉得佩服。榜样力量”“共同前进”“启发了自己的研究”“激发创作欲望”“大胆地寻求帮助和合作”“合作者相互补充”“同学们都很想有成就，自己受影响也想有成就”“在一个另类的学校，自己不甘平庸”。

进一步归纳本质上同属于一个性质的要素，最终可以概括出分别对应六种影响者发挥的六种作用是：引导建立信仰、启蒙、入门、领域内发展引导、镜映现象、支持作用。这六种作用与六种影响者的对应关系如下所述。

**政治人物：**引导建立信仰。

**思想引领者：**引导建立信仰。

**虚体人物**：引导建立信仰，启蒙，入门，领域内发展引导，镜映现象。

**老师**：引导建立信仰，启蒙，入门，领域内发展，镜映现象。

**家庭成员**：引导建立信仰，启蒙，入门，镜映现象，支持作用。

**社会交往中他人**：启蒙，领域内发展引导，镜映现象，引导建立信仰。

## 二、不同影响源作用的重叠模型

研究结果表明，每一类影响源的作用并不是单一的，而是一种影响源同时起不同的作用，因此我们根据研究结果建构如图 8－2 所示的影响源影响作用重叠模型。

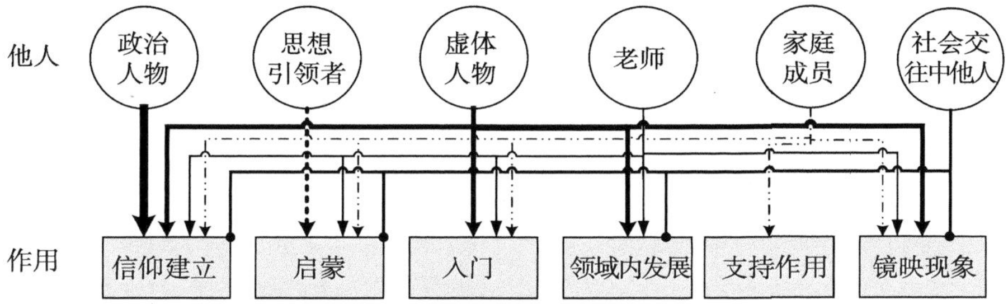


**图 8－2　影响源影响作用重叠模型**

# 第三节　人文社会科学与艺术创造者发展过程中重要他人的影响机制

## 一、教师作用的具体分析

将在重要他人这一问题中提及过教师的被试挑选出来并实施进一步分析编码，具体剖析教师在其创造过程中所起的不同作用。

计分方法如下：凡是提到相关作用，就记 1，最后以得到的频次作为最后统计分析的数据。分析结果见表 8 – 2。

**表 8 – 2　教师作用的具体分析**　　（次）

| 作用<br>教师 | 信仰建立 | 启蒙 | 入门 | 领域内发展 | 镜映现象 | 合计 |
|---|---|---|---|---|---|---|
| 名师 | 1 | 2 | 1 | 4 | 0 | 8 |
| 中小学教师 | 1 | 1 | 0 | 0 | 2 | 4 |
| 领域内老师 | 0 | 1 | 8 | 23 | 1 | 33 |
| 合计 | 2 | 4 | 9 | 27 | 3 | 45 |

说明：本章第一节的表 8 – 1 中每一个类型的老师后面的频次，是指 38 名被试中提到该类型老师有重要影响作用的被试人数；但是有的被试所提及的该类型的老师对其起到的具体作用可能不止一个，因此造成了表 8 – 2 中该类型老师总数的合计可能大于表 8 – 1 中的被试提及该类型老师的频次。

## 二、家庭成员作用的具体分析

将在重要他人这一问题中提及过家庭成员的被试挑选出来并实施进一步分析编码，剖析家庭成员在其创造过程中所起的不同作用。

计分方法如下：凡是提到相关作用，就记 1，最后以得到的频次作为最后统计分析的数据。分析结果见表 8 – 3。

**表 8 – 3　家庭成员作用的具体分析**　　（次）

| 作用<br>家庭成员 | 信仰建立 | 启蒙 | 入门 | 镜映现象 | 支持作用 | 合计 |
|---|---|---|---|---|---|---|
| 父母 | 17 | 10 | 2 | 0 | 0 | 29 |
| 兄弟姐妹 | 1 | 3 | 0 | 0 | 0 | 4 |
| 女儿 | 0 | 0 | 8 | 1 | 0 | 9 |
| 爱人 | 0 | 0 | 0 | 1 | 3 | 4 |

续表

| 作用<br>家庭成员 | 信仰建立 | 启蒙 | 入门 | 镜映现象 | 支持作用 | 合计 |
|---|---|---|---|---|---|---|
| 爷爷辈 | 0 | 1 | 0 | 0 | 0 | 1 |
| 合计 | 18 | 14 | 10 | 2 | 3 | 47 |

### 三、社交中他人作用的具体分析

将在重要他人这一问题中提及过社交中他人的被试挑选出来并实施进一步分析编码，剖析社交中他人在其创造过程中所起的不同作用。

计分方法如下：凡是提到相关作用，就记 1，最后以得到的频次作为最后统计分析的数据。分析结果见表 8 - 4。

**表 8 - 4　社交中他人作用的具体分析**　（次）

| 作用<br>社交中他人 | 信仰建立 | 启蒙 | 领域内发展 | 镜映现象 | 合计 |
|---|---|---|---|---|---|
| 邻居 | 0 | 1 | 0 | 0 | 1 |
| 同行 | 1 | 0 | 5 | 0 | 6 |
| 合作者 | 0 | 0 | 2 | 0 | 2 |
| 同学 | 0 | 0 | 0 | 2 | 2 |
| 合计 | 1 | 1 | 7 | 2 | 11 |

## 第四节　各影响源的多重影响作用

编码一共得出了六类影响源，除政治人物和思想引领者的作用只局限于影响被试的信仰建立以外，其他四类影响源的影响作用都是多重的（见图 8 - 2）。

## 一、教师的独特作用

大量研究表明，大学或是研究生阶段的“导师”往往是人们此后取得重要创作成就的领路人。与其他影响源作用不同的是，教师的影响常常是系统的、长期的。一个人的成长要经历不同的阶段，但是任何人都必须在特定的时期接受学校教师的系统培养，这一点对人文社会科学与艺术创造者也不例外。

通过研究，我们发现教师对人文社会科学与艺术创造者的影响作用居于第一位，并且是高度综合性的。他们的作用可以广泛渗透到激发、启蒙、引领、规范、赞赏、参照等多个方面。

启蒙教育的作用一般发生在中小学教师的身上，往往由于他们身上的特殊气质和行为，使人文社会科学与艺术创造者在思想上对一些领域产生了向往，在日后的发展过程中，这种向往慢慢变成了坚定的前进方向。例如曾经有一个被试就提到：“我上中学的时候，五四运动还没发生，课堂上读的书都是古文，没有白话文，也没有专门教白话文的老师。但是我们有一个语文老师，他在五四之前就在课堂上提倡白话，附带给我们讲白话文，他让我们看许多有关白话的书，他对我的影响很大。否则我青年时代是看不起白话的，就算是写信给父母，也是不可能用白话文的，不然是要被骂的。”还有一个被试也提到：“区里的宣传队中有一个潘老师，他是宣传队的队长，他留给我们的印象非常深。在当时的我看来，他就是艺术的化身。因为他有很多才艺，拉手风琴、弹钢琴、跳舞他都会，当时我就觉得他是一个万能的人。这样的一种印象其实对我的影响非常大。”

引导进入领域的老师通常在大学阶段，这个阶段能够对人文社会科学与艺术创造者产生影响的往往是专业领域的老师，尤其是大师级的老师。他们在讲课时或是讲座上的一些教诲，帮助被试建立通向领域之门，启发他们对未来所从事领域的意向并由此开始进行规范训练。

仔细分析访谈文本，我们发现教师的影响作用不是通过直接推动产生的，而是通过学习者本人在思想上与老师产生共鸣并由此生发出自我体悟这样一种形式表现出来的。教师给予大多数被试的不仅仅是知识本身，还有方法上的引导、研讨氛围的熏陶和睿智的指引。

李政道曾在2006诺贝尔奖获得者北京论坛上所做的大会主题报告中提到，一对一教学模式成就了他，他认为一对一的教学模式是最好的教学模式，他回忆起自己国外留学阶段时说："和导师每周至少一次的一对一交流是自己最重要的学习形式。"无独有偶，我们的研究也得到相同的结果。多个被试都曾指出过类似的经历对自己的重大影响，以下我们将列举一些例子并做出相应的分析。

"我们那一届学古汉语的大概有九个研究生，当时我负责班上的一些工作，所以我就和导师有更多的接触机会，基本上每两周接触一次。那时候我就常常思考，他所讲这些内容的一些缘由，我会对它进行深入思考。导师他做了许多考据的东西，我把这些各种各样的文例、语例集中到一起，并且对它进行归纳概括，用我自己的理解将它转化成一些现代的、理性的、容易理解的东西。然后将我自己的这种总结拿去问导师，问他你这个想法是不是这个意思。有些时候我的理解会出现偏差，那么我就会重新去思考，再逐步地去跟老师磨合，逐渐地去主动靠近老师的思想，最终达到一种共鸣。那个时候，还没有论文，我就把老师的那几门课的东西都整理起来，从方法上、理论上总结，然后把当时语言的例子、语料什么东西添加进去，我毕业的时候，就已经做到这一点了。"

这位被试所强调的是：与导师频繁的接触，使被试有更多的机会与老师沟通自己的设想，碰撞的火花越多，激发也越充分，围绕特定主题的知识和方法的整合也就越充分。

"好的教师的教学方法还应该是理解学生的，他的指导应该能够按照学生的思维去引导学生，而不应该是按照老师的思维去引导学生。"

这位被试强调的是好的教学方法的重要性，这与孔子所说的"不愤不启，不悱不发"有异曲同工之妙，这句话的意思是：不到他努力想弄明白而得不到的程度不要去开导他；不到他心里明白却不能完善表达出来的程度不要去启发他。教学过程中教师也应当启发式教育，而非一味地灌输式教育，学生本人自然是要学会自主思考，但教师的启发作用也不可忽视。

我们的研究发现，大师级人物对人文社会科学与艺术创造者的学业成长、做人，以至于信仰追求的影响作用都是很大的。与大师级人物直接接触，包括听课、听讲座，或有幸成为这些大师的弟子，都可能与人文社会科学与艺术创造者的成功和创造性成就发生实质关联。这从另一个侧面验证了“名师出高徒”的千古名言。在这里，名师提供一种环境，也提供一种参照，使创造者从自我定位开始就赢得超越的优势。

从具体的影响机制分析，首先，优秀的教师可以提供一个良好的专业资源，为学生专业的积累奠定一个良好的基础。这些优秀的老师在研究方法上往往胜人一筹，学生可以跟着得到最为直接的训练。

其次，优秀的教师提供的指导使被试直接站到领域前沿，更容易帮助学生把握研究的方向，找准突破点。优秀的教师带来的良好环境和氛围，推动学生全方位的发展。

最后有一点也特别重要，那就是优秀教师，特别是名家大师无形的魅力更容易激发学生、带动学生。来自下面一位被试的叙述，可以很好地证明这一点。

×××先生的身体非常不好，但同时他又有很多的事情要做，所以他就需要选一些人，来帮他做这些事情，主要是帮着画图，后来我毕业之后通过一些程序就申请到这个职位。那么在帮助他做事情的过程中耳濡目染，当时学到的并不是一些单纯的知识技巧方面的东西，而是整个儿那种气质。那位先生家中的氛围就跟当时很多有名的教授是一样的，可以说是往来无白丁，有戏剧家、哲学家，等等，都是非常知名的人物。我由于经常在他家里帮忙，也有机会听到、接触到这些知名人物，这个影响其实是无形中的。

当然，教师的重要作用也体现在教师对学生的赞赏、激励和鼓舞作用之上，通过这种激励学生能得到一种自我成就感，获得更多的信心。

## 二、父母的长远影响

虽然在关键事件的影响机制分析中，家庭要素排在所有环境要素的最后一位，但在进行影响源分析时，我们发现，被试提到父母对自己影响的频次仅次于领域内老师，居于第二位。

父母对孩子早期生活的影响，直接影响孩子未来的成就，这一点已经被很多研究证实。米哈伊（2001）通过对美国杰出人才的研究，发现高成就者的家庭大多以平等的方式、尊重的态度对待孩子，在家庭教育中也主要是以鼓励孩子为主。我们的研究也充分证明了这一点——父母给予的开放民主的教育、充满爱的氛围、尊重知识的态度，以及父母为人风格这些都对被试产生深远影响，并且这种影响直接延伸到他所在的专业领域研究。

有些被试单独提到母亲对自己的影响，他们认为母亲的做人态度、坚强、先进的知识、人生观教育、重视知识等，都可能影响孩子的成长。俗话说“为母则刚”，而母亲的这种坚强不仅仅是给孩子提供庇护，更是给孩子展现一种正确的处事方式。

有些被试单独提到父亲对自己的影响，他们认为父亲做事态度对自己有潜移默化的影响，而且父亲的影响是全方位的，包括遗传、做人、早期教育等方面，有些也提到父亲对自己信仰形成的巨大影响。

比较父母对被试的影响大小我们可以发现，母亲对孩子的影响略大于父亲。在影响领域上，母亲的影响多数是通过具体行为来表现的，主要影响人格特征，母亲教会了孩子具体的行为和态度；父亲则更多的影响被试的信仰以及做人的态度，并且这种影响主要是通过无形的方式发生作用。

我们的研究结果还表明，家庭浓厚的知识氛围、艺术积淀、精神层面的精致追求，都会对孩子的成长产生积极的影响。谷传华等人对我国近现代社会创造性人物的早期家庭环境和父母教养方式的研究也获得了类似的结果。

## 三、政治人物的独特影响

在我们的研究中，被试也曾多次提到政治人物对其的影响，由于我们采访的主要是国内的创造性人才，再加上他们基本上都经历了“文革”、改革开放等一系列前前后后的社会重大变迁，因此他们所提到的政治人物主要是国内的，其中毛泽东出现的频率最高。而这种影响主要分为以下三个方面。

在时代方面，以毛泽东为代表的革命领袖领导了一系列时代的变革，正是在他们的带领下改变了100多年来半殖民地半封建的社会，推翻了帝国主义和封建主义的双重压迫和统治，建立了中华人民共和国，此后新中国一步步发展、变强。毛泽东对时代的贡献是他人无法企及的，正如邓小平所说“如果没有毛泽东同志，至少我们中国人民还要在黑暗中摸索更长的时间”。被试大多是在这样的环境下成长起来的，自然且也不可避免地受到了影响，可以说他们的创造性成就根本上是离不开这片土壤的。

在思维方面，以毛泽东为代表的领袖身上的一些思维至今仍能给予我们启迪。有一位被试特别提到了毛泽东那种“无法无天”的思考带给他的重大影响。而毛泽东的一些诗词中透出的自信豪放更是震撼了一代又一代的人——“今日长缨在手，何时缚住苍龙?”“数风流人物，还看今朝”，并坚定不移地在自己的领域开创着自己的天地。

在思想方面，毛泽东可以说是一代人的精神信仰，而我们所采访的被试大多就是这样的一代人。

## 四、“守门人”与镜映现象验证

米哈伊除提出父母对创造性人才有重要影响作用外，还提出另外一个重要影响源——业内人才，或者叫作学门（field）、守门人（gatekeeper）。业内人才是各个领域的评判者，只有接触到他们并被这些学门赏识，个人的成就才有可能在这个领域被认可、赏识，这种认可、赏识进而更好地激发创造性成就的取得。这种认可、赏识在某种程度上是很重要的，而他们之间的关系就好比是伯乐与千里马的关系。

我们的研究结果发现，实际上“守门人”并不限于各个领域的专业评判者，事实上其他人也有充当这种角色的，比如专业领域的老师、基金会的资金提供者，甚至同学和同行都有可能提供这种机会，他们在实际上发挥了“学门”的作用。他们通过自己的影响力，可以在不同程度上帮助被试在领域内找到机会，被试由此获得成长过程中的关键支持。

我们在研究中还发现，人文社会科学与艺术创造者身边还有一类特殊的人物，他们能够给被试提出真诚而尖锐的批评，提出诚恳而富有建设性的建议，这些意见常常被创造者虚心接受，并在相互探讨中获得实质进步。这种批评者不是合作者，甚至不是人文社会科学与艺术创造者研究领域内的人才，但是他们往往能够给予人文社会科学与艺术创造者最大的启发。

库利的镜像自我思想强调了一个观点：一个人关于自己的概念，是由别人的观点和反应来塑造的，本质上是由别人态度折射形成的镜像自我（Donald，1980）。人文社会科学与艺术创造者在和他们探索成长的过程中，由于诤友的真实批评和建议，常常使他们像照镜子时可以看到自己真实面貌的折射一样，真正发现自己研究的不足或是在别人提醒之下寻找到实质突破点，从而为创造性成就的取得奠定基础。参照库利的说法，我们把这种批评者称作镜映者，这种现象叫作镜映现象。

能够成为人文社会科学与艺术创造者镜映者的人，通常是与人文社会科学与艺术创造者建立相互信赖而又有良好的文化素养和深刻思想的友人。他们之间所建立的充分的信任感、安全感，再加上利益独立的情况，使镜映者能发挥镜映作用，促进创造者寻找到突破的方向和激发他们后续的不断进步。

## 五、其他“人物”的影响作用

首先看虚体人物的作用，在这里虚体人物主要是指国际知名的科学家和书籍，科学家对这些创造性人才的影响更多的集中于他们的科学精神上。在我们的日常生活中，也常常听到关于这方面的论述。比如爱因斯坦就曾说：“科学研究能破除迷信，因为他鼓励人们根据因果关系来思考和观察事物。”这说明科学对逻辑思维的积极作用。罗蒙诺索夫更是这样高度赞誉科学：“科学，给青年以养料，给老人以慰藉；她让幸福的生活锦上添花，她在不幸的时刻保护着你。”而对书籍，古往今来的人都曾给予过极高的评价，高尔基说“书籍是人类进步的阶梯”；刘向说“书犹药也，善读之可以医愚”；莎士比亚说“书籍是人类知识的总结，书籍是全世界的营养品”。由此可见，书籍对一个人成才的重要性。

在我们的研究中，发现很多人多次提及一些大科学家对自己的重要影响，这些大的科学家在被试树立坚定的科学信仰、不懈地追求科学精神方面都起着极其重要的作用。

我们通过研究发现，人文社会科学与艺术创造者对书都是情有独钟的。他们认为，书籍可以开拓眼界——“（书）超越现实生活，超越你固有的眼界”；书籍可以自我提高——“当你对外部世界了解得足够多了之后，你的内部世界也就自然而然升华了。而这将会提高你的创作质量，使你的这种灵感更加新颖、更加具有可操作性”；同样阅读书籍也可以对自己产生潜移默化的影响——“在你阅读书籍的时候，渐渐地你就会明白，有些东西不是说要掌握就能掌握的，它是一种润物细无声的过程”；有的被试甚至说：“书籍造就了我”“阅读钻研书籍并将其内化成自己的”“书中的人物对自己的影响超过任何现实生活中的影响”。

除虚体人物外，社会交往中他人也在多个方面对人文社会科学与艺术创造者的发展和成就产生了重要影响。通过研究，我们发现不少被试都提及社会交往中他人对自己成长的启蒙作用，影响之大甚至可以排到对自己产生重要影响的最重要的三人当中。密切交往对象是多种多样的，邻居家姐姐（哥哥）专业启蒙、堂兄的榜样力量、中学老师倡导的新思想、小学老师的高期望、外婆或是外祖父的早期领域启蒙，这些都承担着启蒙的作用。他们的作用或者使被试接受相关领域最早的专业启蒙教育，或者引导被试建立献身科学的决心。

我们的研究还发现，最早的启蒙作用往往是无意识的，往往只有在被试回头追溯时才能发现它的价值和作用。

# 第九章　人文社会科学与艺术创造过程的探索

创造过程并不是独立的、断裂的，它实际上是一个连续张力积蓄和释放的过程，并且不以创造作品的完成为终极目的。对创作过程的研究是十分困难的，并且具体的创造过程总是与创造者的一个具体作品或是具体成果联系在一起，不同的创造过程可能有不同的要素参与。因此，关于创造过程的研究需要运用不同的方法。在我们的研究收集资料的过程中，通过请被试回忆自己已经取得的代表性创造性成果的创造过程，获得了关于创造过程的十分有价值的资料。

## 第一节　研究方法介绍

### 一、双重模型编码概述

历程编码和主轴编码相结合——创造过程双重模型的编码。

这一步工作主要是将每一位被试描述的某一个具有代表性的创造成就的过程，按照时间发展的顺序分解，然后在每一个时间段内再进一步进行开放和主轴编码，找寻创造过程中每一个时间段对应的具体行为和对应事件。编码的过程会为每一位被试建立详尽的分析备注笔记。可以借助图表将主要要素提取出来展示历程编码最终的结果。

## 二、历程编码举例

我们列举一个具体的例子，来详解我们是如何进行历程编码的。该实例主要探讨的问题是：外部事件对一个人创造性过程的影响。列举的只是一个对被试访谈的部分原始材料，每一段之后的分析，就是具体的历程编码过程。

访谈原文：所有的东西是要转换的，肯定是要转换的。也就是说它最终会形成我的世界观，包括我应该怎样去看这个世界。

**分析：点明过程发生的发展性。**

访谈原文：关于我所受的教育，我三年级的时候“文革”开始了，然后我读到1972年就顶替进了工厂，当了七年工人。再到1977开始考大学，我再开始复习文化课之类的，到1980年我才开始上大学。你是知道我所受的教育，那个教育是什么样的。所以整个改革开放后的启蒙过程也是我自己反省的过程，我开始重新认识这个世界。明白了这个世界并不是那么简单。这样的启蒙过程，它会在不同的领域产生不同的反响。

**分析：关键的历史事件——“文革”对自己求学产生的影响，进而对自己世界观的影响。**

访谈原文：20世纪80年代有几个大讨论，这都是文化方面的。“实践是检验真理的唯一标准”这个讨论是全社会的。实际上，它影响各个方面，包括在艺术上，什么是标准？实践是生活还是标准？比方说，马克思说那个“三一律”就是标准，那大家可以怀疑吗？“实践是检验真理的唯一标准”意味着你可以怀疑现有的所有的理论和系统。只是用实践来检验，经过实践检验你才可以接收它、认可它，这是一个很明显的例子。再早一些，像这个……有一个人叫潘晓，发表了一篇关于“谈存在主义，谈人的生命的存在，为什么会存在”的文章。我觉得这就是对“文革”的反思，在这方面比较多吧。人生的价值，青年人应该怎么办，这一类的讨论其实很多，还包括香港回归。不过那个时间段相对较晚，1997 年香港回归前，1995 年、1996 年整个全国文化界大讨论，就是重新回顾这 100 年，就像香港出去要回来，1997 年会回来吗。当时香港是怎么出去的，当时中国是个什么状态，100 年走到这儿了，香港回来了，国力强大了。可是，我们是走了一条什么路？是一条弯路？还是一条唯一正确的路？有没有可能从中反思得出教训。这是 1996 年，这个讨论很广泛。

**分析："文革"后一系列文化讨论，"实践是检验真理的唯一标准的讨论""香港回归引发的国家命运的讨论"，进而引发的个人对自己要走的道路的反思。**

访谈原文：我觉得对所有人都是一样，尤其是年轻人在形成自己思想的时候——是非常重要的。包括那个对我的艺术生涯影响比较大的就是 20 世纪 80 年代初的那一股寻根热。大家谈气功、谈禅、谈老庄。表面上看是在谈这个，好像到老百姓那就变成玩气功了，也就是养生，实际上在文化界它就是一个寻根。寻根就是寻中国的根儿，我们的根是社会主义、马克思，还是更早的，是儒家还是道家，这些东西。在我看来，老庄也是对中国传统文化的一个大检讨。

**分析：文化寻根热，引发自己对文化，尤其是传统文化的思考和检讨。**

访谈原文：关于我对石头的看法，我就觉得这个石头其实是中国一种特殊的文化。中国民间有很多玩石头的人，其实这个传统来自中国的玉石文化。中国的玉石文化在全世界是独一无二的。它不只是玩石头的漂亮外观，它是赋予石头一些美德，也就是让它人格化。对它的推崇，往往寄予了知识分子所期待的一些美德，比如像玉的温润啊、石的刚强啊！这些东西。那我觉得这个玉石文化，它赞美的，其实就是一块石头。为什么这么说呢！我觉得这背后包含着中国人的自然观、世界观，认为人跟自然是沟通的、相通的、统一的。不是像西方文化那样，人与自然是一种征服的、斗争的、矛盾的关系，始终是你死我活的关系。那这就让我在看一块石头的时候，会觉得它有灵性，像中国小说当中的《西游记》《红楼梦》，这些有名的著作，它都从一块石头开始。由此可见，在中国人的概念里、整个文化系统里，它的重要性。所以我就把一块石头当作一个有灵性的东西来看，在我看来，它已经是一个生命。我用不同的材料辅以不同的处理方法，不过是把这种生命给展示出来。

**分析：将个人对传统文化的思考加入自己的创作中，成为有创造性成果的开始。**

### 三、次历程编码

将在历程编码找到的每一个过程，作为研究的主题，进而进行历程编码分析，我们叫作次历程编码。次历程编码跟历程编码的分析步骤基本相同，也是找寻每一个次历程中的关键时间点，勾画出该次历程的时间顺序表，再在每一个时间点上编码相应的行为和事件，从而勾勒出创造的具体过程，获得相应的研究结果。编码的具体方法同历程编码。

## 第二节　创造过程的张力积蓄—释放模型

在分析文本资料中每一位被试谈及的创造过程时，我们发现，任何一个创造过程都有一个长期的创作张力积蓄阶段。也就是说，被试人生经历中的很多外界事件，都对其特定的创造产生了一定的影响，并最终影响到创造过程的结果。如果用“厚积而薄发”来分别比喻张力积蓄—释放模型的话，那么“厚积”就是“张力积蓄”，“薄发”就是“张力释放”。

值得关注的是，张力积蓄、释放这两个阶段并不是完全分离的，当创作者开始进行创作时，并不意味着张力积蓄停止，研究发现在创造性工作完成的过程中，很多张力要素依然或多或少地发生着影响。虽然创造的张力推动和内在创造实现两方面的因素在以往的研究中也有相关探讨，但是多将张力积累的过程定位于创造力的影响因素，并没有将其纳入创造本身的过程当中。而实际上，我们的研究发现，张力积蓄也是创造过程的重要构成部分。

因此我们提出创造过程的张力积蓄—释放模型，如图 9－1 所示。

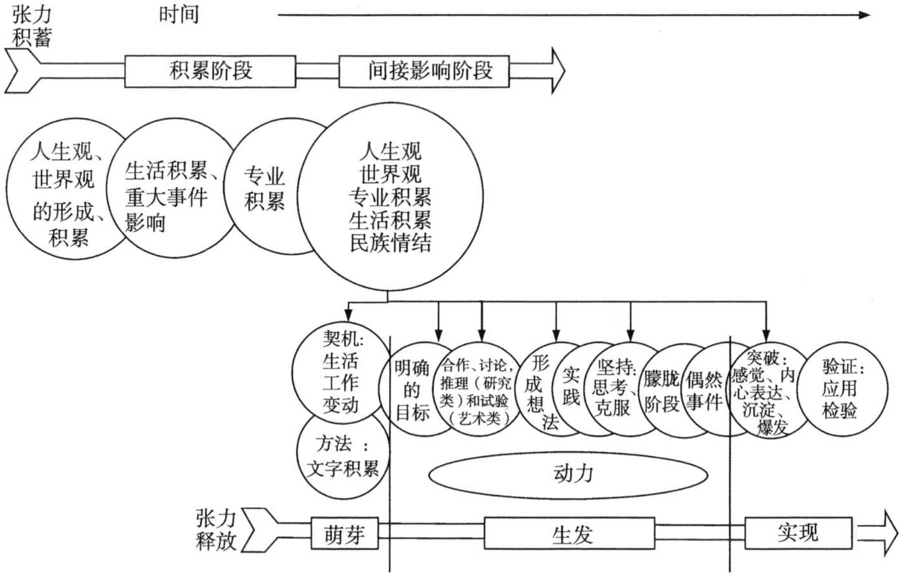


**图 9－1　创造过程的张力积蓄—释放模型**

## 一、创造过程的张力积蓄

所谓张力积蓄，是指对一系列推动创造活动实现的事件构成的由外而内的创造推动过程，这种过程对具体创造的定向过程（包括一个具体创造的初始起源，完成过程的每一阶段）产生了重要影响，但它又不隶属于具体创造过程的任何一个具体阶段。外部驱动过程的主要组成要素是对被试后期创造性成就产生影响的一些重要的社会历史事件、社会现实状态、成长经历的关键事件等。

参照开放编码的步骤，对 38 个被试的相关文本资料进行逐段逐句的阅读，提取重点语句，标定关键信息，进行开放编码。分析结果得到 39 个张力积蓄的要素点。

“专业领域知识积累的过程，得看得多，懂得多”“早期成就体验”“随着阅历，已经做过的工作，自由度越来越大”“前辈研究的总结”“进入领域初期的思考”“求学过程中不断地思考”“对生活的观察”“关注底层生活，喜欢表达悲情”“研究的东西帮助解决人生烦恼”“思考寻找，从生活中寻找”“展览会上的交流，引发思考”“参观某地引发的灵感”“审美的特点，审美的习惯引发了独特的关注视角”“你碰到的经历与你的个性相结合的时候，就出现了一些火花”“生活的体悟，现实的感慨”“长期积累的无意识释放”“‘文革’期间积累的读书思考时间”“‘文革’期间对农民的认识”“‘文革’中对做人的影响，从而引发了不同的待人处世态度，更好地学会了与人合作，进而带来了成功”“‘文革’中对做人的影响，从而引发了不同的待人处世态度，永远陶醉在自我的一个艺术空间里面”“重大事件即参加战争树立了自己的人生信念，信念支持了做事风格，决定了日后成就中的坚持和成就的取得”“‘文革’后一系列文化讨论，‘实践是检验真理的唯一标准的讨论’‘香港回归引发的国家命运的讨论’，引发的个人对自己要走的道路的反思”“关键的历史事件即‘文革’对自己求学产生很多的影响，以至于对自己认识世界产生了影响”“人生选择：作为一辈子的一个选择，特别小心翼翼地，要使自己的路越来越宽广”“一定和你这个人本性中间的有些东西是契合的，和性情相关”“人生存的意义就是在于表达自己”“人生境界的要求”“中学老师的信仰教育，树立了人生观，人生观影响了人格，带来了做事的一致性，最后带来成功”“生命的态度影响了人生，影响了追求”“你作为一个个体你怎么定位”“一直以来对国家和人民有很强的使命感，要做点什么的信念很强，影响了自己的追求之路，引来了成功”“复原历史，客观存在的就一定能找到，存在决定意识”“正确的方法论，尊重事实是我们这个学科里面最重要的”“父亲的关于世界观的影响，导致了日后的整体研究方向”“一直想把民乐器三大件分别做一件作品”“对民族东西的热爱和传承的理念”“文化寻根热，引发自己对文化，尤其是传统文化的思考和检讨”“与国外交流中，引发对中国人个性的思考”“核心价值观‘和而不同’影响了自己创作态度”。

总结和浓缩被试描述的事件构成的要素点，再将本质上同属于一个性质的要素归类，概括出类别。由此过程共得到以下六个类别。

**专业积累：**“专业领域知识积累的过程，得看得多，懂得多”“早期成就体验”“随着阅历，已经做过的工作，自由度越来越大”“前辈研究的总结”“进入领域初期的思考”“求学过程中不断地思考”“对生活的观察”。

**生活积累：**“对生活的观察”“关注底层生活，喜欢表达悲情”“研究的东西帮助解决人生烦恼”“思考寻找，从生活中寻找”“展览会上的交流，引发思考”“参观某地引发的灵感”“审美的特点，审美的习惯引发了独特的关注视角”“你碰到的经历与你的个性相结合的时候，就出现了一些火花”“生活的体悟，现实的感慨”“长期积累的无意识释放”。

**重大事件：**“‘文革’期间积累的读书思考时间”“‘文革’期间对农民的认识”“‘文革’中对做人的影响，从而引发了不同的待人处世态度，更好的学会了与人合作，进而带来的成功”“‘文革’中对做人的影响，从而引发了不同的待人处世态度，永远陶醉在自我的一个艺术空间里面”“重大事件即参加战争树立了自己的人生信念，信念支持了做事风格，决定了日后成就中的坚持和成就的取得”“‘文革’后一系列文化讨论，‘实践是检验真理的唯一标准的讨论’‘香港回归引发的国家命运的讨论’，引发的个人对自己要走的道路的反思”“关键的历史事件即‘文革’对自己求学产生很多的影响，以至于对自己认识世界产生了影响”。

**人生观：**“人生选择：作为一辈子的一个选择，特别小心翼翼地，要使自己的路越来越宽广”“一定和你这个人本性中间的有些东西是契合的，和性情相关”“人生存的意义就是在于表达自己”“人生境界的要求”“中学老师的信仰教育，树立了人生观，人生观影响了人格，带来了做事的一致性，最后带来成功”“生命的态度影响了人生，影响了追求”“你作为一个个人你怎么定位”“一直以来对国家和人民有很强的使命感，要做点什么的信念很强，影响了自己的追求之路，引来了成功”。

**世界观**："复原历史，客观存在的就一定能找到，存在决定意识""正确的方法论，尊重事实是我们这个学科里面最重要的""父亲的关于世界观的影响，导致了日后的整体研究方向"。

**民族情结**："一直想把民乐器三大件分别做一件作品""对民族东西的热爱和传承的理念""文化寻根热，引发自己对文化，尤其是传统文化的思考和检讨""与国外交流中，引发对中国人个性的思考""核心价值观'和而不同'影响了自己创作态度"。

创造张力对于具体创造的作用有累积阶段和间接影响这两个阶段。被试还没有进入具体的创造过程前，一些生活积累和社会现实状态都会影响被试个体的状态、心理、价值观，进而影响日后创造过程的具体细节，这个阶段是创造过程中张力积蓄的积累阶段。在一个具体的创造过程中，直指目标的创造过程会受到张力累积的影响，此时张力积蓄开始发挥实质作用，很多要素开始对整个创造过程都会产生影响，这个阶段我们称为张力积蓄的间接影响阶段。

两个阶段在发生时间上有先后顺序。在创造过程中，张力积蓄的主要影响过程示意如图 9－2 所示。

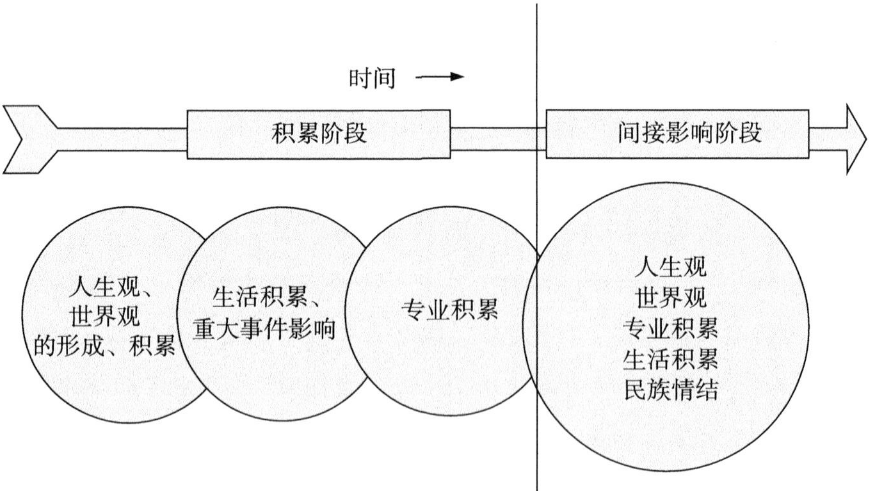


**图 9－2　张力积蓄示意**

## 二、创造过程的张力释放

参照开放编码的步骤，对38个被试的相关文本资料进行逐段逐句的阅读，提取重点语句，标定关键信息，进行开放编码。分析结果得到63个张力释放过程中的要素点。

“对现实的心态描述”“利用身边的材料”“专业材料中发现兴趣”“前辈研究的总结”“出国学习中发现的不足”“放松，无功利的目标”“接触了领域中的相关学科”“偶然事件，提供了条件”“求学过程中的不断思考”“将个人对传统文化的思考加之到自己的创造中去”“生活环境的变化”“偶然碰到的人提供的机会”“源头转化为文字，积累”“用文字记录思考中的灵感”“定了几个标准”“积累过程中逐渐明确”“命题作业”“写给儿子”“视觉向听觉的转换”“清楚的发展方向”“寻求他人的合作”“与他人的充分讨论”“想发现科学规律的驱动力”“小的现实压力，放松状态”“减法尝试”“实际做试验”“规律总结的过程，资料的大量占有，并进行类比”“较真的分析”“多学科方法的借用”“要从不一样的东西里面，抽取它的共性的东西”“就有一个想法，有一个基本的观点，基本的想法”“到地里去找”“实际的试验中找”“关键人物的关键支持”“思考作品观众的需求”“不停顿的思考，极其疲劳的状态”“长时间坚持的不间断思考”“考虑的过程，在想这个问题，还没有拿准”“基本要点就是想办法”“积极求索的过程”“多角度的思考”“确实有了这个念头以后，你可能还会调查、细想它”“自己否定自己”“慢慢沉淀，老在那想”“克服外界和研究本身困难，抗拒诱惑”“坚持自己认为有价值的，并且钻研下去”“想不清楚的朦胧状态，继续想”“解决不了的时候，迎难而上，不能退缩”“时间和条件的准备”“瞬间的美感的知觉的捕获”“找到了跟内心对应的那种状态”“灵感，灵光闪现”“直觉的作用”“自然而然地出来”“瞬间的捕获和持久的工作结合”“靠感觉把握”“回归自然”“沉淀之后成文”“激情爆发，引发灵感”“将理论应用于实际，检验理论”“赶紧找材料，验证灵光闪现的东西”“说服别人”“接受实际生活的考验”“寻找佐证的过程，寻找前人的观点”。

我们将这些要素点归纳后得到了14个类别的张力释放特征。

**契机**：“对现实的心态描述”“利用身边的材料”“专业材料中发现兴趣”“前辈研究的总结”“出国学习中发现的不足”“放松，无功利的目标”“接触了领域中的相关学科”“偶然事件，提供了条件”“求学过程中的不断思考”“将个人对传统文化的思考加之到自己的创造中去”“生活环境的变化”“偶然碰到的人提供的机会”。

**方法**：“源头转化为文字，积累”“用文字记录思考中的灵感”。

**明确的目标**：“定了几个标准”“积累过程中逐渐明确”“命题作业”“写给儿子”“视觉向听觉的转换”“清楚的发展方向”。

**动力**：“想发现科学规律的驱动力”“小的现实压力，放松状态”。

**合作、讨论**：“寻求他人的合作”“与他人的充分讨论”。

**试验**：“减法尝试”“实际做试验”。

**推理**：“规律总结的过程，资料的大量占有，并进行类比”“较真的分析”“多学科方法的借用”“要从不一样的东西里面，抽取它的共性的东西”。

**形成想法**：“就有一个想法，有一个基本的观点，基本的想法”。

**实践**：“到地里去找”“实际的试验中找”“关键人物的关键支持”。

**坚持**：“思考作品观众的需求”“不停顿的思考，极其疲劳的状态”“长时间坚持的不间断思考”“考虑的过程，在想这个问题，还没有拿准”“基本要点就是想办法”“积极求索的过程”“多角度的思考”“确实有了这个念头以后，你可能还会调查、细想它”“自己否定自己”“慢慢沉淀，老在那想”“克服外界和研究本身困难，抗拒诱惑”。

**朦胧阶段**：“坚持自己认为有价值的，并且钻研下去”“想不清楚的朦胧状态，继续想”“解决不了的时候，迎难而上，不能退缩”。

**偶然事件**：“时间和条件的准备”“瞬间的美感的知觉的捕获”。

**突破**：“找到了跟内心对应的那种状态”“灵感，灵光闪现”“直觉的作用”“自然而然地出来”“瞬间的捕获和持久的工作结合”“靠感觉把握”“回归自然”“沉淀之后成文”“激情爆发，引发灵感”。

**验证**：“将理论应用于实际，检验理论”“赶紧找材料，验证灵光闪现的东西”“说服别人”“接受实际生活的考验”“寻找佐证的过程，寻找前人的观点”。

根据所有要素产生作用的不同时间，张力释放的过程可分为三个阶段：萌芽、生发和实现阶段。一个创造过程，最早都有一个激发点或是一个契机，才真正开始破土而出；之后，往往要通过一个或短或长的生发过程，最终成为物化的创造作品，使一个具体的创造活动以一个具体物化的成果而结束。

不同的要素依照发生时间的先后顺序、作用与不同的阶段。创造过程中，张力释放的主要创造过程示意如图 9－3 所示。

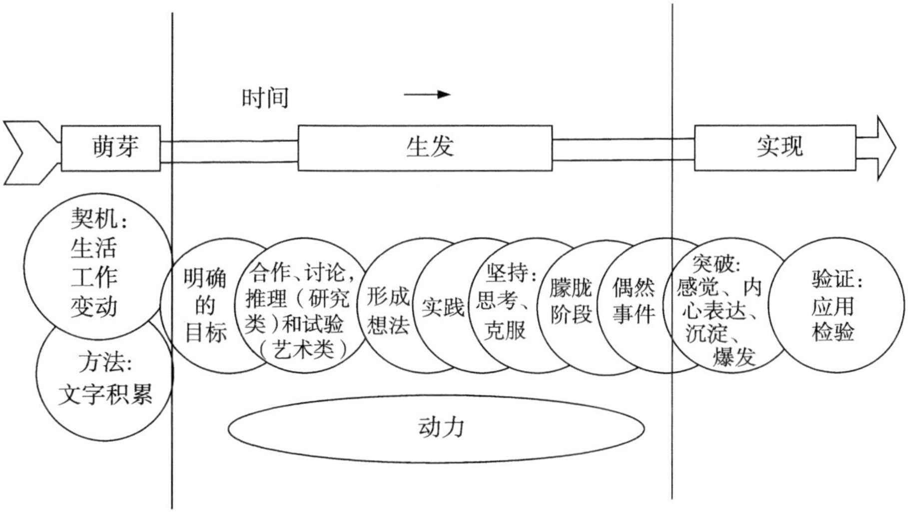


**图 9－3　张力释放示意**

## 第三节　张力积蓄与释放的双过程结构阐释

在研究创造过程时，关于问题解决过程的研究一直是相关研究的关注重点及切入点，这些研究往往将一个问题解决的详细步骤进行划分，并以此作为创造过程，比如从最早的 3 阶段，到后面的 4 阶段，还有 5 阶段。

一系列的研究都是以此作为着眼点和切入点开展研究和阐述。

在刚开始研究时，我们也从阶段论的观点出发，假设创造的过程一般经历3~5个阶段。但是通过对文本资料深入细致地质性分析，研究者提出一个大胆的结论，将传统意义上被认为是创造的影响因素的内容也纳入到创造的过程中，提出了张力积蓄与释放两段论模型。通过研究我们发现，一个创造的过程不仅仅是发现问题并创造性地解决该问题的过程，更是一个长期孕育创造张力并释放张力使创造成为物化作品的过程。

张力释放和先前研究的阶段论比较一致，创造的过程本质上是一个发现问题、解决问题的过程，其中包含三个大的阶段，它们分别是萌芽阶段、生发阶段和实现阶段。每个阶段又由一些细节步骤组成。

萌芽阶段类似于我们通常所说的发现事实、发现问题阶段，在这个阶段人文社会科学与艺术创造者的张力积蓄会在某一条件下被激活，从而产生一个创造张力释放的契机，进而开始创造的具体过程。在这个阶段，多位人文社会科学与艺术创造者都提到过用笔和纸随时记录下突发想法的方法，可见抓住契机的关键不在于想不到，而在于积极地通过有效的方式将契机捕捉到灵感并将其保存下来。众所周知，灵感往往是稍纵即逝的，它突如其来，而又突如其去，每个人都会在特定时机获得一定的灵感，可是如果不能及时抓住灵感，时过境迁，当时的灵感可能就再也无法记起了，这种情形用苏轼的话说便是“作诗火急追亡逋，情景一失后难摹”。

生发阶段包括明确目标、方法推进、想法初步形成、实践、坚持思考和克服诱惑、朦胧阶段的执着追寻、偶然事件的激发等几个步骤。我们的研究结果很好地验证了埃利亚森·西格尔（Eliaz Segal，2004）提出的创造过程的孵蛋效应。所谓孵蛋效应就是指问题解决过程中先前可能想不出来，但是过了一段时间、在一定情境之下自发地就想到了解决方法的现象。埃利亚森·西格尔认为该现象是创造过程突破瓶颈的关键阶段。本研究也发现了这个现象的存在，并且进一步证明这种现象发生在朦胧阶段的执着追寻，通过这个阶段，再加上偶然事件的激发，很快就有可能进入第三个阶段，即实现阶段。

实现阶段无疑是找到了解决问题的突破口之后的创造过程，这个过程将一直持续到作品的成功完成。在这一阶段，创造张力继续扮演推动作品完成的角色，需要指出的是，创造张力在这一阶段的作用并不是无足轻重的，相反，它的作用往往不可小觑。许多伟大的创造者，由于创造张力在最后物化阶段产生突然的变故，致使创造过程出现了中断，作品最终无法成为成品的创造物。《冷斋夜话》曾经记载："黄州潘大临工诗，……临川谢无逸以书问有新作否。潘答书曰：'秋来景物，件件是佳句，恨为俗氛所蔽翳。昨日闲卧，闻搅林风雨声，欣然起，题其壁曰：满城风雨近重阳。忽催租人至，遂败意，止此一句奉寄。'"说的便是潘大临被催租人败了作诗灵感的例子。

美国创造学家阿马比尔（Amabile，2001）提出创造力产生是领域技能（Domain-relevant skills）、创造技能（Creativity-relevant skills）和工作动机（Task motivaion）三个组成成分联合作用的结果。我们这里张力积蓄的要素与阿马比尔提出的领域技能有很多共通之处。其中，阿马比尔所提出的领域技能是指个体在某一领域所具备的、有助于产生各种可能反应的全部背景，也可以说是指个体进行创造加工的"原材料"。它主要包括三个方面的内容，其一是熟悉该领域有关的实际知识：事实、原理、范例、问题解决的主要策略、审美标准等；其二是该领域的基本技能，如实验技能、雕刻技能；其三是属于该领域的特殊才能，例如工程师具有在想象中展示设计图案的才能、科学家具有在想象中完成思想实验的才能。在我们的研究中也发现，领域技能（专业积累）确实是一个不可缺少的要素。这里我们列举一些被试关于这方面的感想："十几年一直都是学习、积累的过程。""当你把这个领域最尖端的，名声最大、最深刻的理论基本搞清楚了，能力训练就接近他们的水平了，你也就有了这个方面的积累。""得看得多，懂得多。看得多了就知道哪个是，哪个不是。""你要成为一个职业的，能够一直写到 80 岁的作曲家，那必须要有技术方面的训练。""你已经做过的工作，这个范围越来越大的话，他的自由度就越来越大了。"

我们的研究也发现，积累阶段不仅仅指的是专业领域内的知识、技能积累，还包括更广泛意义上的积累，比如相关的生活积累、时代特征中发生的重大事件，以及由此形成的人生观、世界观等，以上因素都成为日后取得创造性成功的影响因素，而且我们认为这些因素也是个体成为创造者开始创造的一个必不可少的条件。举一个比较通俗的例子，李清照的词以靖康之变为界，前后词风有极大差异。她的前一阶段词风明朗轻快、清新自然，多书写闺情相思；后一阶段作品多书写身世之悲、家国之痛，词风凄怆悲苦。这就是重大事件导致生活环境剧变，价值观也发生了较大差异的典型例子。而在访谈中，很多被试也有不少关于这方面的感想："必须有正确的方法论，没有正确的方法论是不可能创建新的理论的，我觉得要想有一个正确的方法论，首先必须尊重事实，尊重事实在我们这个学科里面是最重要的。""这个结合就是说不仅要有高远的境界，更要有具体的科学民主的思想，但是我是把这个科学和民主的思想，把科学放在一个从属的地位，而这个人生的高的境界放到主导的地位，这样的一个结合的方式。""这个我相信，最终我选中的那个思路，所创造出来的作品，一定是和我的本性有联系的，是符合我本性的。""我的个人风格或者说我的性情。我的作品大多数都是悲剧性的、戏剧性的。这也和我的文化背景，就是说和巴蜀地区的那种文化背景是联系在一起的，和那种地理人文环境联系在一起的。"

## 一、积累与挖掘的重要性

格鲁伯（Gruber，1999）做了一项研究，他的研究检验了创造性观点产生过程的复杂性和动态性的特点。他认为创造性产生的过程不是一蹴而就的，而是多年学习、思考和准备的结果。他提出创造力产生的过程是一个个体与社会媒介相互作用的过程。这个作用在本研究也有发现，并且这种交互作用主要在以下两个层面上发挥功能：积累和发掘。

积累是指人们通过日积月累的知识输入，积少成多、厚积薄发，最终取得创造性成就。积累的过程是必不可少的，没有这个过程，创造性成就显然是一纸空谈。"不积跬步，无以至千里；不积小流，无以成江海。"说的就是这个道理。对生活的感悟、对自我的反思以及专业的训练是积累过程通常使用的方式。有了积累的过程，当灵感迸发时，创造过程自然而然就开启了。用古人的话说便是“当夫运思落笔时，觉心手间勃勃欲发之势，便是机神初到之候。”

挖掘是指任何一个创造性成就的取得都不是平地起高楼。后一个研究是在前一个研究上的一点突破，也许若干个突破之后，就成为创造性的、开天辟地的成就，这应该也是创造的本质。前一个研究也许是本人的研究，也可能是前辈的研究。在对这些研究的挖掘过程中，就可能会发现以往研究的不完善之处，而这便是新一轮研究突破的钥匙，由此出发进行深入的探索就有可能最终取得阶段性胜利，达到创造的彼岸。

本研究在对被试访谈资料的分析中，也发现不少人文社会科学与艺术领域的创造者在创造的过程中，充分发掘前人的研究，由此可见，对专业原有的知识理论体系的深入了解，是促使研究者走向最后创造的一个不可缺少的过程。我们从历史上很多具有划时代意义的发明创造中也可以窥探到这种挖掘的现象，比如瓦特发明蒸汽机，当时早在瓦特之前就有许多的机械工程师投身到这个发明创造中，而非瓦特开天辟地地制造了蒸汽机。瓦特正是在充分挖掘前人研究基础上找到自己突破点，从而成了留在史册上的关键人物。又比如，毕加索的作品如今已是人类宝贵的文化遗产，每幅作品几乎都价值连城，但是我们从毕加索的传记中仍然能够发现，他所创造的许多作品都是受到赛尚影响，毕加索的作品或是风格的形成不是凭空而来的，而是在他人影响和启发下发展出来的。

当然，以上我们所说的挖掘更多的指的是对以往作品、思想、人物的继承，所谓站在巨人的肩膀上看问题说的便是这种情况。但是显然我们也不可否定，创造性作品的形成也不乏对以往作品或思想的批判性吸收。在我们的采访中，部分被试也提到这一点。成语“不破不立”便是这种情况最真实的反映。再比如李贽对传统思想的反叛，他的思想在当时被视为“异端”“邪说”，而李贽更是旗帜鲜明表明自己的作品是“离经叛道之作”。

## 二、创造的延续性特征

在一般人的观念中，创造往往被认为是一个独立、割裂的过程，也就是说当重要创造告一段落时，创造过程往往被视为已经完成。然而通过研究我们发现，创造的过程事实上是连续而延绵不断的，虽然阶段性的某个作品或成果已经完成，但实际上整体的创造过程依然在延续、发展，最后发展成为另一个创造性作品。文学和艺术上的“几部曲”作品，常常就是这样一个过程的自然结果。在创造过程中，某人在取得了以某个实际的创造作品为标志的实质性跨越之后，一个创造的更大过程会不断地延续。我们研究中的一些事实，也很好地证明了这一点，以下一些被试的发言都是在现实生活中创造连续性的典型体现。

“每一个研究过程都是很独特的，是没有办法有一种简单的、普遍的概念或方法来概括的。但当你整体地看一下我的作品，你会发现其中可以找到一些相关的脉络，它们在某种程度上是连续的。每个人都会有这些东西，但是这些东西不是你一开头就设定的一个框架，而是你慢慢地通过具体的研究逐渐形成的一些脉络。”

“文科的继承，就是一代人只能做一个很小的工作，我说我把训诂学理论化，但这只是在一个很小的领域里；我说我把文字学构建系统，将它描写出来了，但我也只是推进，在我之前有很多人都做过这个事情，在我之后，如果有人跟着我去做，他们也是在我的基础上将我的思想继续向前推进，这种推进往往只是一个时间问题。”

“创造是一个相生的关系，一个作品的创作往往为另外一个作品的产生做了准备，而这个作品的出现，又为下一个作品的产生做了准备，这个准备可能是思想上的、技术上的或者观念上的。《蝶恋花》就是这样的，它肯定跟前面的大红灯笼的创造是有关系的。这个派生非常重要，不光是个人作品是这样的，就整个文化历史的发展而言，派生作用也是非常重要的，所以我十分不认同某些人的观点：新的创造与过去的创造是截然无关的，这我绝对不认同，这种说法把创造过程简单化了，这实际上是一种割断历史的方法，然后并且错误地认为割断历史才是全新的。”

## 三、创造性成就的突破点选择

20 世纪科学的发展促使许多交叉学科的诞生，众多研究者综合运用多个领域的思想和方法，带来创新上的突破，这就是多学科交叉融合。这个概念涵盖学科交叉、学科融合，具体是指构建协调可持续发展的学科体系，打破传统学科之间的壁垒，整合相关传统学科资源，促进基础学科、应用学科交叉融合，促进文理渗透、理工交叉、农工结合、医工融合等多形式交叉。

我们通过研究发现，很多人文社会科学与艺术创造者研究的突破点选择都是学科交叉的结果，通过对突破点的深入研究，最后实现自己专业上的突破。例如，以下一些被试提供的资料。

“我有一个弦乐合奏《二泉映月》的作品，我当时的主要想法就是考虑怎么能够把中国的民族音乐和西洋的也就是我现在学的融会在一起。……后来‘上边’号召‘民族音乐长河’，让咱们拿点中国的民族音乐来改写成别的形式。这个倒提醒了我，然后我就有了中西融会这样的想法，一个是拿中国的乐器跟西洋乐器结合，就是琵琶协奏曲的打算；另一个是拿中国的民族音乐用西洋的乐器来表达，来改编，这也是一个主意。”

“中国传统哲学讲究天人合一，但是中国的传统哲学比较缺乏科学思想。相对来说，西方哲学强调主体怎么征服客体，但是西方的主体客体这样一个公式里面也有很多的弊病。所以我想把中国传统哲学的优点和西方传统哲学的优点结合起来。”

“我们通常是把书法作为一种视觉艺术来对待，把音乐当作一种听觉艺术来对待，古今中外都是这样的。那么也就是说，要找到书法这样一种视觉艺术的听觉部分，是一件非常不容易的事情。首先要考虑通过什么方式来找，其次找到了以后要用什么的方式来论证它的合理性、让它被普遍认可。”

在当今社会的高校人才培养方面，学科交叉融合是以“双一流”专业建设为核心、以优势特色学科为主体、以相关学科为支撑，根据经济社会发展需求设置新兴交叉学科，培养满足国家社会发展需求的复合型高层次创新人才，同时在前沿学科和交叉学科领域培植新的学科生长点。

在创造过程中，通过学科交叉和融合从而形成突破，这是我们研究的一个重要发现，这一点在此前的文献研究中很少有人关注，这是否是一个人文社会科学与艺术创造的系统突破方法，还有待进一步研究来证明。

但是需要注意的是，两个学科的融合并不是任意的。必须要考虑两个学科的特点，它们的融合必定是相关学科优点的再次重组，这样的融合才会产生一种别致、一种新颖，1 +1 大于 2 的效果。但如果两个学科的融合是以损害其中一个学科的最基本的特点为代价的话，就破坏了原有学科的美感，那么这样的融合所产生的意义有限。例如，有一个被试所提到的“科学家审美”——通过科学来分析古诗中的光线变化等问题，将审美与科学结合起来。这样的方法若是仅仅作为一种科学研究的例子，倒也无可厚非，但是若将其作为一种审美与科学相结合的审美观念，一种利用科学来赏析古诗的方式，显然是不合适的。因为古诗大多是感性的，它有着各种蒙太奇式的写法，也有着一些逻辑无法讲通的地方，比如说陆游的《卜算子·咏梅》：“驿外断桥边，寂寞开无主。……零落成泥碾作尘，只有香如故。”既然是“断桥边”“寂寞开无主”，那么又何来的“碾作尘”呢？若果非要经过科学分析，那么那种朦朦胧胧的美感可能就会被消解掉了。

同时还要注意的是，两个学科的融合一定要立足于当下、与时俱进。一心钻进故纸堆中、闭门造车显然是不可取的。只要这种融合对时代、对社会的发展、对学科的深入思考、研究有利，并对社会发展带来积极影响，这种学科融合才不会毫无意义。

## 四、思考在创造过程中的意义

巴龙·兰祖利和里斯以及王极盛等人的研究结果都表明，独立、积极和抽象的思考能力对一个人的创造有着非常重要的作用（Ward，2004）。在我们的研究中也同样发现思考对个体取得创造性成就的重要作用。这种思考渗透在创造过程的每一个环节，创造的过程就是一个坚持不断思考的结果。研究发现，思考在创造过程的不同阶段作用不同，思考主要有以下几种形式。

发现的思考：为发现而思考，这个思考往往都是无意识的，并不是刻意有什么目标，而是一直不断地保持着发现的热情，不断地在想着问题。很多时候这种发现可能很常见，俗话说“一花一世界，一叶一菩提”，善于发现的人在日常生活中往往也能找到创造的灵感。我们也听过很多关于这方面的故事，比如我们耳熟能详的牛顿与苹果的故事，再比如阿基米德测量金冠的故事。

捕捉的思考：瞬间抓住东西的思考形式。这个很重要，但是这种瞬间产生的思考如果不能被及时捕捉住，并以最快的速度转化为问题，这种瞬间积累就会消失。因此一个有效的方法就是卡片积累。

坚持的思考：朦胧阶段，是每个人必经的过程，尽管这个阶段通常要被放下，不过这时更多的是形式上的放下，而大脑仍然保持思考的状态。如果用苦吟派诗人的话说，那便是“两句三年得”。

获得的思考：获得又是一个思考过程，突破往往是灵感的出现，但是这种出现要想最终转化为创造性的成果，必须经过一个思考过程。这个过程也许是实践自己的研究成果，也许是验证自己的研究成果，这其中都包含一个思考的过程。

# 第十章　创新培养和创造力培育的反思

创造力不是一个静态的实体。它可以培养和发展人。事实上，大多数创造性研究的应用都是为了这个目的。创造力研究的主要应用之一是开发或实现创造性潜力（Runco，2016）。关于创造力本质和相关因素的新发现通常被认为能为最终提高创造力的干预策略提供见解。理解创造力的“自然”发展，也可以为创造潜力的实现提供最佳环境。

## 第一节　社会与时代对人才成就的影响

本研究最大的发现是：一个人不可能脱离社会而生存，更不可能超脱时代所赋予的使命。“没有人是一座孤岛”，在最基本的衣食住行层面上，每个人都有不同的分工；而在创造的层面上，创造性人才更特别关注社会、时代和自我的关系。他们也正是因为这点，才得以从某个领域脱颖而出，实现创造性的突破。

这点发现和以往创造力研究中的动机研究有相似之处。什么样的动机驱使创造性活动？以往创造力的研究者在创造的动机研究上曾经取得很多的研究成果，关于创造动机的研究也经历了一个从关注内部动机到关注外部动机的过程。

在内部动机的研究方面，斯腾伯格和卢伯特提出的创造力投资理论认为：创造的动机主要关注任务的动机，并且提出这种取向更多的由内部动机产生（Sternberg，1991）。另外还有很多心理学家提出内部动机是个体取得创造性成就的主要要素。研究还发现，富有创造性的人在面对挑战性的任务时充满活力、富有坚持性，这也是内部动机水平高的标志。这些强调高内部动机水平的特征和要素在本研究中也得到充分的验证。

关于外部动机对创造性活动的影响，国内外学者也进行了相关研究。国内学者张景焕在其博士学位论文中提到具有较高价值内化和远景驱动效应的外部动机对创造会产生积极影响。国外学者在外部动机对创造力的影响中关注激励、奖赏、限制、启发等控制性条件的改变，以及信息性要素的变化等外部动机要素对创造产生的影响。但需要注意的是，他们的研究结果并不十分一致，对相关外部动机要素产生的影响究竟是积极的还是消极的，部分学者的研究结论呈现截然相反的结果。

更进一步的观点倾向认为在富有创造性的个体身上，某些类型的外部动机可以和内部动机共存，并且认为内部动机和外部动机可以同样驱使人增强发现问题的能力（Amabile，1994）。这种观点与本研究的结果是比较契合的。本研究结果表明在人文社会科学和艺术领域的高创造效标群体的身上充分体现了内部和外部动机可以并存的特征，并且这种并存产生了积极的相互影响。

但本研究更大的发现在于更为深刻地挖掘出远景驱动下外部动机对创造个体产生的极其重要的影响，而且这种外部环境引发的外部动机的影响主要体现在创造个体与社会、时代的紧密联系上。以下分别从本研究的四个研究视角逐一分析时代、社会要素对人才创造性成就的影响。

在思维特征上，我们从这些被试身上得出思维的系统性，正是这样一个特征的体现。思维的系统性实际上是强调一个对生活有体会、有认识的个体才可能取得创造性成就。因为创造本身就源自生活，而最终又必将还原到生活中。同时这种思维的系统性还包括对人生命本体意义的关注和思考，并把这些思考引入个体的创造当中。人从生到死的生命状态是自然社会赋予每个人的意义，这些创造性人才普遍关注这个自然社会赋予人生命的最深层次的意义，强调尊重自己的感觉、生理需求和满足感。这些都是个体把自我当作社会属性的自我来思考的证据。

在人格特征上，我们也同样发现，有抱负有追求是创造个体所应该具有的品质；但这还不够，创造个体还应该有社会责任感、有国民意识，总是在不断思考国家、社会命运，寻求在自己领域能够给国家和社会带来突破，这些品质也是这些创造性人才身上不可或缺的品质。举例来说，杜甫其人被人称为诗圣，其诗被人称为诗史，其诗风沉郁顿挫、饱含他忧国忧民的情怀。

以上的思维特征和人格特征必然会在创造力实现的机制中、个体创造的过程中体现时代特征的影子。不同的时代会给创造个体带来不同的影响，这种影响有积极的也有消极的。它可能会直接促使一个人的成功，所谓时势造英雄，说的就是这个道理。但它也有可能让原本有相应天赋和才能的人泯然众人、在历史长河中只留下浅淡的痕迹，比如历代的文字狱所造成的直接影响。还有一种是极富才能的人在不同的时代下造成的身份差别，十分广泛流传的许邵对曹操的评价便直接显示了这一点“治世之能臣，乱世之枭雄”。

以上所说的是时代对一个人的被动影响，人们对这种影响并没有反击之力，只能被动接受命运的“馈赠”。但除此之外时代的影响也会被一些创造性人才主动关注并利用，这些创造性人才对社会的关注直接表现在他们对时代的深刻认识和反思，比如俗话说的“国家不幸诗家幸”，这句话用诗人的话解读便是“以社稷丘墟之感，发为慷慨悲歌，有不求工而自工者。此固地为之也，时为之也”。

一般来说，时代特征越鲜明，那么在这个时代特征的导引下，留下的时代烙印就越清晰。回顾我们5000多年的文明发展史，留下时代烙印的社会正是那些有着鲜明时代特色的年代。春秋战国时代，出现众多的思想家，呈现百家争鸣的局面；唐宋时代出现一系列诗、词、散文大作家，呈现群英荟萃的景象；五四运动前后，众多思想家、诗人、小说家、戏剧家，在文坛上大放异彩，这些都是那个特殊的时代造就的创造性的人物。

包括我们今天研究的这些被试，他们年龄群指向的“文化大革命”——这一他们所经历的时代特征中最为鲜明的一个事件——同样给这些被试群体带来巨大的影响，他们的创造性成就直接或间接地来源于那个时代。

以往的研究也有不少谈及创造有很强的时代性特征，认为很多因素都会对创造力产生影响。斯腾伯格和卢伯特（Sternberg and Lubart，1995）发表的文章概括出，深层文化模式的稳定性与该文化模式中的个体创造性水平呈负相关，社会组织、经济和宗教领域的基本文化模式相对稳定，因而这些领域中的创造性并不明显。而我们研究验证的时势造英雄的道理也正是印证了时代的变化和不稳定性特征对个体创造水平的影响这一点。

这些年，我国的学术界总是在讨论为什么我们本土生长的各领域人才少有能在诺贝尔奖这个代表科学最高荣誉的领奖台上有所斩获。我们认为本研究的结果可以给出一定的启示。在我们看来，应该是我们的时代特征中培养这种荣誉的土壤还不够肥沃，整个国家在科学探索的这条道路上还没有足够的积淀。可喜的是，随着我国物质生活水平的提高，经济基础日益变得雄厚，我们的国家有了更加强大的力量发展我们的科学、倡导我们的文化。在这种大环境的推动下，假以时日，我们的国人一定会在创造的领域中取得更高的成就。

## 第二节　个体的创造性体现于内外结合的健康自我

对创造个体的人格特征研究一直是创造力研究的一个主要视角。几十年来的研究结果充分证明创造个体的行为在时间上和空间上都是稳定的，这些行为方式可以有效地区分创造性个体和非创造性个体，这其中通常通过人格可以预测个体在领域中的创造性成就。

在本研究中我们采用了两种不同的研究范式来探讨创造个体的人格特征，研究结果发现通过质性分析的方式和通过实证范式的方式得到的结果基本一致。

通过质性分析得到的19个人格特征在被试自我评价的核心人格特征中大部分都得到了验证。仅有完美倾向、目的性、强执行力、淡泊名利等几项没有在问卷自评中得到验证，主要是因为问卷中并没有出现与这些特征词相关的自评。而且对目的性和强执行力这两个词，如果我们仔细思考，在自评特征中也是很难自评的，而在质性分析中恰恰容易在对“故事”的细致分析中得出。这样的结果，一方面，相互印证了两种方法得出的研究结果的可靠性；另一方面，也充分说明质性研究范式的优势所在。采用质性研究的方法可以更深地挖掘信息本身所能解释的意义，得到更为深刻的结论。

从结果本身深层次的分析来看，本研究发现的19个人格特征中部分和以往国内外的研究相一致，比如容易接受挑战、不受传统束缚、自信、自我接受、有抱负、有雄心、独立、自制等人格特征。

但是对是否有责任感、是否乐于与人合作、友好与否这些与外界社会的关系处理的人格维度上的研究结果并不十分一致。以往的研究中更多的认为创造个体表现为低社会责任感、专制、不友好、冷漠等特征。本研究又进一步通过找寻核心概念词之间的关系和科学的聚类统计分析方法，深入分析这些人格特征。同时将发现的创造个体的人格特征进行进一步归类，归类结果表现为在中国文化背景下的人文社会科学和艺术领域的创造者的人格特征体现为内外兼修的综合特征——人格特征包含了积极的自我状态和良好的外界适应两个层面。

这个结果如果我们放在强调集体、强调关系取向的中华文化背景下去思考，并不难理解其中的原因。归根结底，创造实际上是一个资源整合的过程，也就是将内外的各种资源最终整合成为物化的创作作品的过程。创造个体自身良好的状态、积极的心态无疑是创造动力的重要来源，同时与外部世界维持有效联系的能力无疑更是赢得资源并且将这些在个人的心理世界进行富有意义的整合的重要前提。金盛华（1992）在发表的论文中提出，创造可以有自发创造和理性创造的类型划分。从客观上，自发创造是可遇不可求的过程，创造的本身并不具备直接的目的性，创造性产品的价值也是随着后来的社会观念演化而逐步产生的。如凡·高的绘画、贝多芬的音乐，都带有这种鲜明的特点。但不可否认的是更多的创作成果，从原子弹的爆炸成功，到航天飞机的升空，实际上都是自觉的理性创作。中国国家科学技术的最高奖项先后分别授给了两位解决粮食问题的育种专家，也从另一个侧面说明了目的性创作的价值和地位。由此可以相信，多数成功的创造，包括在中国文化背景中的艺术创造，自身心态和自身与外部环境的联系状态都是创作成就的重要预测源。

## 第三节　对创造力培养的启示

### 一、创造力一样可以在非天才身上实现

本研究结果显示：在思维结构的外围要素中，除天分这个重要因素外，兴趣也是影响创造思维的一个不可忽视的要素。

通过对创造个体思维特征的系统结构进行研究，我们发现虽然天分对一个人在取得创造性成就中起着重要作用，但同时我们也发现很多的创造个体或多或少地提到了兴趣对他们的影响，这种影响有时甚至是起到了决定性作用。

通过对被试的成长和创造历程进行分析，我们不难得出这样一个结论：兴趣是可以培养的。有些被试早期的兴趣并不在他们现在所从事工作的领域上，可是由于时代的影响，原先的那条求学进取之路、成就上升通道变得异常艰难，甚至完全隔断。在这种情况下，他们只能转向另一个学习领域，“无心插柳柳成荫”，他们在新的领域中感受到巨大的乐趣，并最终在兴趣的指引下取得创造性的成就。这种现象，很多被试都有所体现。

这一发现启示我们，创造成就的实现不仅仅是一些具有天分的人的特权，通过激发兴趣，非天才也同样可以在兴趣的带领下，通过个人的不懈

努力，到达创造的彼岸。爱因斯坦就说过“兴趣是最好的老师”，孔子也曾说“知之者不如好之者，好之者不如乐之者”。这些哲人的话都说明了兴趣对一个人重要性。

但是，兴趣的培养在我国的教育现况中十分令人担忧。杨振宁曾在以“中国大学的人文教育”为主题的首届中国文化论坛中做了题为“大学教育与文化自觉”的报告，发言中特别严肃地讨论过这个问题。他认为现在的学生都非常努力和用功，但是视野却很窄，仅仅关注和学习相关的课业，缺乏广泛的兴趣。而目前学术界前沿非常广阔，在这样复杂的情形下，要想提出真正有创新的想法，必须要培养广泛的兴趣和关注点。

## 二、优秀体验搭建日后创造的基础

赞赏教育、成功教育是现在教育领域中非常推崇的教育模式。这种模式认为学生改变自我的心理原动力是因为人类本能中最殷切的需求是渴望被赏识。许多的教育实践都已经证明真诚地赞赏是学生获得成功的源泉，赞赏确实能创造奇迹。

本书的研究结果也充分体现了优秀体验对一个人成功的价值和意义。在 38 位被试中有 9 位在讲述对自己有影响的事件中提及优秀的体验对自己的巨大影响作用，仅排在“文革”、大学、中小学教育之后。创造个体正是因为这些优秀体验，才在日后的自我成长过程中逐渐成为一个能够认识优秀自我、感受高自我效能感的人，从而为以后的成功道路奠定了一个积极的基调。因此，从小在赞赏教育、成功教育下成长起来的人，在这种教育的过程中无疑积攒更多个体的成功体验，这无论对他们日后的创造性成就还是对他们自我人格的树立都具有十分重要的意义。

曾经有一段时间各种微信公众号纷纷宣传名为“哭声免疫法”的育儿经，大体意思是，如果孩子摔倒了，不要去抱他、不要去哄他，孩子哭够了就会自己站起来，而且将会变得更加坚强、独立，这种教育在某种程度上就是赞赏教育的反面。很多人都不了解的是，这套理论源于美国心理学家约翰·华生，而事实证明在这种教育下长大的孩子，大多自卑内向，甚至可能会出现心理或者精神问题。这也从反面印证了赞赏教育的必要性。

但是需要注意的是，这里所提倡的赞赏教育，不仅仅是表现在口头上的空赞赏，也不是不分是非一味赞赏，更主要的是需要精心设计，创立好的环境，给予产生好的行为的机会。在有章可循的优秀中，再给予赞赏，才是能够积累的优秀体验，才是有助于建立积极自我的认识。

这一点对现阶段的家庭和学校教育非常有启发意义。一方面，家长和老师要善于发现孩子身上的优点，积极给予正向的鼓励，从而令孩子获得积极优秀的体验；另一方面，家长要尽量给孩子创造能够产生优秀表现的机会和告诉孩子成为优秀的途径，可以使孩子更为有效地产生好的行为，得到他人的鼓励和赞美，从而产生积极的情绪体验。

## 第四节　现行教育的反思

### 一、家庭教育给予的环境和文化的熏陶还有待提高

不少被试在陈述家庭对自己的影响中都提及了家庭环境中的文化氛围对自己的潜移默化的熏陶，这种非强制性的、弥散式的教育渗透，恰恰使幼小的孩子接受了最好的启蒙教育，从小就种下了日后成功道路上的种子，正如古语所说“言传身教，身行一例，胜似千言”。

反观当下我国家庭教育的现状，却发现我们的家庭教育给予的环境和文化的熏陶还有待提高。我们国家现阶段非常重视孩子的学前和学龄早期的教育，从各地开办的各种学习和特长培训班的火爆场面就可以知晓家长对孩子教育的重视。但实际上，这种参加外在形式的培训班的效果，远远不如家庭文化氛围的营造给予孩子的影响。反思一下，我们现今的家庭，有多少父母还能天天坚持读经诵典，又有多少父亲还能和自己的孩子共同欣赏俄罗斯诗歌的意境美，又有多少母亲能够弹着钢琴为家里营造自然的音乐之美，还有几家的祖父母能够在孙儿睡前浅吟诗歌伴其入眠？

## 二、小学阶段教师的人格魅力更胜于知识的传授

“师者，所以传道授业解惑也。”传道授业解惑是社会所认可的教师的职责。但除此之外，我们经过研究还发现：在个体成长的道路上，尤其是小学阶段，教师的角色不仅仅表现在传授知识上，更主要的是教师的人格魅力所给予孩子日后成长的无限动力。小学阶段，孩子们正是精力无限、对世界充满好奇的时期，孩子正处于价值观、人生观、世界观的初步建立阶段。而在当代孩子的成长模式中，老师无疑是与孩子相处时间相对较多的那一类人，加之小学阶段的孩子总会对老师产生一种莫名崇拜的心理，因此，这个时期老师的言传身教无疑会对孩子产生极大的影响。

由此我们认为在小学教育阶段，教师人格魅力的影响更甚于知识的传授。我们可以试着对比思考一下，一个每天都认为自己的工资太低，想着如何挣大钱的老师能给予学生什么？一个相信科学改变命运、相信知识殿堂具有无限魅力并将自己的全身心投入到教育事业中的老师能给予学生的又将是什么？

## 三、大学教育阶段的培养方法有待深思

大学的系统教育对一个人的成长是至关重要的，本研究中的被试无一不是受过系统的大学教育、接受过各个领域最为优秀的老师的教导。

但各位被试提及的其所受到的教育影响，不仅仅是来自课堂上简单的知识传授，更多的是方法上的影响和学术研究上的指引，以及人格魅力的影响。这些被试对老师给予的方法的获益远远大于知识本身的获益。

而现今我们大学教育却远远不能达到这样的程度，更多的还只能是通过学分，通过简单的知识灌注来完成大学教育。中国的大学教育无论是学校还是学生本人都太功利地关注自己的未来走向，而忽视了方法和程序的学习，使学生都陷在狭窄的专业中钻研，而忽略了对中华民族传统文化的多方面的认识，忽略了对世界上学术前沿的广泛了解。

另外，现今时代的大学生还有一个值得反思的现象就是缺乏“读书”

意识和习惯。从数量上来讲，现在学生读书的绝对数量一点都不少，但是从读书的广泛性和内容上看，现今时代的学生读书太少了。“书”作为影响我们研究被试的虚体人物之一，对各位创造者产生了非常重要的作用，甚至有些个体直接说读书造就了自身。而且在访谈过程中，我们几乎在每个被试的家中，发现最多的有形资源就是书，可见书对他们的重要作用。而今天的大学生，又有多少人还保持着良好的阅读习惯，并且让自己总是处在思考的状态中呢？我们现行的教育显然十分需要去关注学生的读书意识和习惯的培养。

# 参考文献


［1］江泽民．在中国科学技术协会第五次全国代表大会上的讲话［J］．科协论坛，1996（6）．

［2］国务院．国家中长期科学和技术发展规划纲要（2006—2020 年）［EB/OL］．中国政府网，（2006－02－09）［2020－06－30］．http：//www.gov.cn/jrzg/2006－02/09/content_ 183787.htm.

［3］徐会中．洛克哲学中的“理性主义倾向”问题及其哲学史意义［J］．云南大学学报（社会科学版），2018，17（6）：16－23.

［4］曹日昌．普通心理学［M］．北京：人民教育出版社，1980.

［5］陈昭仪．杰出表演艺术家艺术生涯之研究［J］．台北市立师范学院学报，2002，35（2）：71－90.

［6］米哈伊·奇凯岑特米哈伊．创造力［M］．杜明城，译．台北：时报文化出版，2004.

［7］冯庆林，何亚云．20 年来的西方创造性心理测量研究：方法与问题［J］．西北师大学报（社会科学版），2003（1）．

［8］傅世侠，罗玲玲．科学创造方法论［M］．北京：中国经济出版社，2000：13－22.

［9］甘自恒．中国当代科学家的创造性人格［J］．中国工程科学，2005（5）：35－72.

［10］谷传华，陈会昌，许晶晶．中国近现代社会创造性人物早期的家庭环境与父母的教养方式［J］．心理发展与教育，2003，19（4）：17－22.

[11] 谷传华. 社会创造性人格的发展与相关因素：对中国近现代社会创造性人物的历史测量学研究和个案研究 [D]. 北京：北京师范大学，2004.

[12] 郝凤霞，张春美. 原创思维的源泉——百年诺贝尔获奖者知识交叉背景的研究 [J]. 自然辩证法研究，2001，17 (9)：55 -59.

[13] Sternberg R J. 活用智慧——超越 IQ 的心智训练 [M]. 洪兰，译，台北：远流出版社，1999.

[14] 不同凡响——在一窝文化中开拓创造力 [M]. 洪兰，译，台北：远流出版社，1999.

[15] 黄林洁琼，刘慧瀛，安蕾，等. 多元文化经历促进创造力 [J]. 心理科学进展，2018，26 (8)：1511 -1520.

[16] 黄奕光. Asian 创造力——为什么西方人比东方人有创造力 [M]. 台北：培生教育出版，2003.

[17] 黄西庭. 心理学导论 [M]. 北京：人民教育出版社，1991.

[18] 金盛华. 论创造力的本质与测量 [J]. 北京师范大学学报（社会科学版），1992 (1)：68 -75.

[19] 荆其诚. 简明心理学百科词典 [M]. 长沙：湖南教育出版社，1987.

[20] 荆其诚，张厚粲. 当代国际心理科学进展 第二卷 社会和应用心理学 [M]. 上海：华东师大出版社，2006.

[21] 李传新. 阿玛布丽创造力思想研究 [J]. 自然辩证法研究，1996 (10).

[22] 李金珍，王文忠，施建农. 积极心理学——一种新的研究取向 [J]. 心理科学进展，2003，11 (3)：321 -327.

[23] 托马斯·H. 黎黑. 心理学史 [M]. 李维，译. 杭州：浙江教育出版社，1997.

[24] 林崇德. 学习与发展 [M]. 北京：北京师范大学出版社，1999.

[25] 林金定，严嘉枫，陈美花. 质性研究访谈模式与实施 [J]. 身心障碍研究，2005，3 (2).

[26] 路甬祥．规律与启示——从诺贝尔自然科学奖与20世纪重大科学成就看科学原始创新的规律［J］．新华文摘，2001（11）．

[27] 米哈伊·奇凯岑特米哈伊．创造性——发现和发明的心理学［M］．夏镇平，译．上海：上海译文出版社，2001.

[28] 彭聃龄．普通心理学（修订版）［M］．北京：北京师范大学出版社，2001.

[29] 齐力，林本炫．质性研究方法与资料分析［M］．嘉义：南华教社所，2005.

[30] Sternberg R J. 创造力手册［M］．施建农，译．北京：北京理工大学出版社，2005.

[31] 栗玉波，朱莉娟，宋晓燕．情绪创造力研究述评［J］．长江师范学院学报，2011，27（3）：151－153.

[32] James H M，Sally S. 质的教育研究［M］．王文科，王智弘，译．台北：师大书苑．

[33] Michael Q P. 质性评鉴与研究［M］．吴芝仪，李奉儒，译．台北：桂冠出版社，1995.

[34] A Strauss，J Corbin. 质性研究入门：扎根理论研究方法［M］．吴芝仪，廖梅花，译．嘉义：涛石文化事业有限公司，2001.

[35] 心理学大词典［M］．上海：上海教育出版社，2003.

[36] 许立言，张福奎．创造学的研究［M］．上海：上海科学普及出版社，1987.

[37] 俞国良．创造力心理学［M］．杭州：浙江人民出版社，1996：29－42.

[38] 张景焕．科学创造人才心理特征及影响因素研究［D］．北京：北京师范大学，2005.

[39] 朱智贤，林崇德．思维发展心理学［M］．北京：北京师范大学出版社，1987.

[40] 甘阳，陈来，苏力．中国大学的人文教育［M］．北京：生活·读书·新知三联书店，2006.

[41] Adam M Grant, Ellen J Langer, Emily Falk, et al. Mindful creativity: Drawing to draw distinctions [J]. Creativity Research Journal, 2004, 16 (3): 261.

[42] Adele Kohanyi. Turning Inward Versus Turning Outward: A Retrospective Study of the Childhoods of Creative Writers Versus Journalists [J]. Creativity Research Journal, 2005a, 17 (4): 309.

[43] Adele Kohanyi. Four Factors That May Predict the Emergence of Creative Writing: a Proposed Model [J]. Creativity Research Journal, 2005b, 17, (4): 195.

[44] Albert R S, Runco M A. Indentity, Experience and career choice among the exceptionally gifted and eminent Theories of creativity [M]. CA: SAGE, New burypark, 1999.

[45] Allan Snyder, John Mitchell, Terry Bossomaier. The creativity quotient: An objective scoring of ideational fluency [J]. Creativity Research Journal, 2004, 16 (3): 415.

[46] Amabile T M. Beyond Talent: John Irving and the Passionate Craft of Creativity [J]. American Psychologist, 2001, 56 (4): 333 -336.

[47] Amabile T M, et al. The Work Reference Inventory: Assessing Intrinsic and Extrinsic Motivational Orientations [J]. Journal of Personality and Social Psychology, 1994, 66: 950 -967.

[48] Amabile T M. Social Psychology of Creativity [M]. New York: Springer Verlag, 1983.

[49] Anderson N, Potocnik K, Zhou. Innovation and Creativity Organization: A State of the Science Rebiew, Prospective Commentary and Guiding Framework [J]. Journal of Management, 2014, 40 (5): 1297 -1333.

[50] Amy F Claxton, Tammy C Pannells. Developmental Trends in the Creativity of School - Age Children [J]. Creativity Research Journal, 2005, 17 (4): 327.

[51] Arndt J, Greenberg J, Solomon S, et al. Creativity and Terror Management: Evidence that Creative Activity Increases Guilt and Social Projection Following Mortality Salience [J]. Journal of Personality and Social Psychology, 1999, 77 (1): 19-33.

[52] Averill J R, Thomas - Knowles C. Emotional creativity [J]. International Review of Studies Emotion, 1991 (1): 269-299.

[53] Brown R T. Creativity: What are we to measure. Handbook of Creativity [M]. NewYork: PlenumPress, 1989.

[54] Benedek M, Christensen A P, Fink A, et al. Creativity assessment in neuroscience research [J]. Psychology of Aesthetics, Creativity and the Arts, 2019, 13 (2): 218-226.

[55] Christina E S. Effects of Productivity Goals, Creativity Goals, and Personal Discretion on I [J]. Journal of Applied Psychology, 1991, 76 (2): 179-185.

[56] Christopher H Ramey, Robert W Weisberg. A Further Test of the Hypothesis that Affective Disorders Foster Creativity [J]. Creativity Research Journal, 2004, 16 (3): 173.

[57] David M Harrington, Jeanne H Block, Jack Block. Testing Aspects of Carl Rogers's Theory of Creative Environments [J]. Journal of Personality and Social Psychology, 1987: 52 (4): 851-856.

[58] Dean Keith Simonton. Creative productivity: A Predictive and Explanatory model of Career Trajectories and Landmarks [J]. Psychological Review, 1997, 104 (1): 66-89.

[59] Dean Keith Simonton. Darwin as Straw Man: Dasgupta's (2004) Evaluation of Creativity as a Darwinian Process [J]. Creativity Research Journal, 2005, 17 (4): 2.

[60] Diane Montgomery, Pamela A Hodges, Judith S Kaufman. An Exploratory study of the Relationship Between Mood States and Creativity Self - per-

ceptions [J]. Creativity Research Journal, 2004, 16 (3): 341.

[61] Donald C R. Beyond the Looking Glass Self: Cooley's Social Self and its Treatment in Introductory Textbooks [J]. Contemporary Sociology, 1980, 9 (5).

[62] Eliaz Segal. Incubation in Insight Problem Solving [J]. Creativity Research Journal, 2004, 6, (1): 141.

[63] Eva V Hoff. Imaginary Companions, Creativity and Self – Image in Middle Childhood [J]. Creativity Research Journal, 2005, 17 (4): 167.

[64] Feist G J. A Structural Model of Scientific Eminence [J]. Psychological Science, 1993, 4 (6): 366 – 370.

[65] Forster J, Friedman R S, Liberman N. Temporal Construal Effects on Abstract and Concrete Thinking: Consequences for Insight and Creative Cognition [J]. Journal of Personality & Social Psychology, 2004, 87 (2): 177 – 189.

[66] Gardner H. Creatingminds [M]. New York: BasicBooks, 1993.

[67] Gardner H. Creativity: An Interdisciplinary Perspective [J]. Creativity Research Journal, 1988, 1 (1): 8 – 26.

[68] Gayle T D, Richard E M. Teaching Students to Solve Insight Problems: Evidence for Domain Specificity in Creativity Training [J]. Creativity Research Journal, 2004, 16, (3): 389.

[69] George JM, Zhou Jing. Understanding when Bad Moods Foster Creativity and Good Ones don't: The Role of Context and Clarity of Feelings [J]. Journal of Applied Psychology, 2002, 87 (4): 687 – 697.

[70] Glăveanu V P. Rewriting the Language of Creativity: The five A's Framework [J]. Review of General Psychology, 2013, 17 (1): 69 – 81.

[71] Grawitch, Matthew J, Munz, et al. Effects of Member Mood States on Creative Performance in Temporary Workgroups [J]. Group Dynamics, 2003a, 7 (1): 41 – 54.

[72] Grawitch, Matthew J, Munz, et al. Promoting Creativity in Temporary Problem – Solving Groups: The Effects of Positive Mood and Autonomy in Problem Definition on Ideagenerating Performance [J]. Group Dynamics, 2003b, 7 (3): 200 –213.

[73] Grolinick, Wendy S, Gurland, et al. Antecedents and Consequences of Mothers' Autonomy Support: An Experimental Investigation [J]. Developmental Psychology, 2002, 38 (1): 143 –155.

[74] Howard E Gruber, Doris B Wallace. Creative work: The case of Charles Darwin [J]. American Psychologist, 2001, 56 (4): 346 –340.

[75] Jamie Arndt, Clay Routledge, Jeff Greenberg, et al. Illuminating the Dark Side of Creative Expression: Assimilation Needs and the Consequences of Creative Action Following Mortality Salience [J]. Personality and Social Psychology Bulletin, 2005, 31 (10): 1327.

[76] John Baer, Kaufman James C. Theoretical and Interdisciplinary Perspectives, Bridging Generality and Specificity: The Amusement Park Theoretical (APT) Model of Creativity [J]. Roeper Review, 2005, 27 (3): 158 –163.

[77] Karen Gasper. Permission to seek freely? The Effect of Happy and Sad Moods on Generating Old and New Ideas [J]. Creativity Research Journal, 2004, 16 (3): 215.

[78] Kaufman, James C. Creativity and Confidence [J]. American Psychologist, 2002a, 57 (5): 375 –376.

[79] Kaufman, James C, Baer, et al. Bask in Dreams of Suicide: Mental Illness, Poetry and Women [J]. Review of General Psychology, 2002b, 6 (3): 271 –286.

[80] Kaufman James C, Beghetto R A. Beyond big and little: The four C model of creativity [J]. Review of General Psychology, 2009, 13 (1): 1 –12.

[81] Kyung Hee Kim. Learning From Each Other: Creativity in East Asian and

American Education [J]. Creativity Research Journal, 2005, 17 (4): 337.

[82] Louise Sundararajan. Twenty – Four Poetic Moods: Poetry and Personality in Chinese Aesthetics [J]. Creativity Research Journal, 2004, 16: 201.

[83] Mark A Runco, Robert S Albert. Parents' Personality and the Creative Potential of Exceptionally Gifted Boys [J]. Creativity Research Journal, 2005, 17 (4): 355.

[84] Markus Baer, Greg R dham, Andrea B Hollingshead, et al. Revisiting the Birth Order – Creativity Connection: The Role of Sibling Constellation [J]. Creativity Research Journal, 2005, 17 (4): 67.

[85] Melissa A Schilling. A "Small – World" Network Model of Cognitive Insight [J]. Creativity Research Journal, 2005, 17 (4): 131.

[86] Michael D Mumford, Mary Shane Connelly, Ginamarie Scott, et al. Career Experiences and Scientific Performance: A Study of Social, Physical, Life and Health Sciences [J]. Creativity Research Journal, 2005, 17 (4): 105.

[87] Janssen O, Vande, Vhert E, et al. The Bright and Dark Sides of Individual and Group Innovation: A Special Issue introduction [J]. Journal of Organizational Behavior, 2004, 25 (2): 129 – 145.

[88] Jennifer G, Averill J R. Individual Differences in Emotional Creativity as Manifested in Words and Pictures [J]. Creativity Research Journal, 1996, 9 (4): 327 – 337.

[89] Repp Bruno H, Weisberg Robert W. The Difficulty of Measuring Musical Quality: Commentary on Weisberg – Comment/reply [J]. Psychological Science, 1996, 7 (2): 121.

[90] Robert Eisenberger, Michael Selbst. Does Reward Increase or Decrease Creativity? [J]. Journal of Personality and Social Psychology, 1994, 66 (6): 1116 – 1127.

[91] Runco M A . Commentary: Overview of Developmental Perspec – Tives on Creativity and the Realization of Potential [J]. New Directions for Child and Adolescent Development, 2016 (2): 97 – 109.

[92] Sawyer R K. Explaining Creativity: The Science of Human Innovation [M]. New York: Oxford University Press, 2012.

[93] Sheila J Henderson. Product inventors and creativity: The finer dimensions of enjoyment [J]. Creativity Research Journal, 2004, 16 (3): 293.

[94] Silbereisen R K, Chen X. Social Change and Human Development – Concept and Results [M]. CA: SAGE, 2010.

[95] Simonton D K. Scientific Creativity as Constrained stochastic Behavior: the Integration of Product, Process and Person Perspectives [J]. Psychological Bulletin, 2003, 129: 75 – 494.

[96] Simonton D K. Career Landmarks in Science: Individual Differences and Interdisciplinary Contrasts [J]. Developmental Psychology. 1991, 27 (1): 119.

[97] Sternberg R J, Lubart T L. An Investment Theory of Creativity and It's Development [J]. Human Development, 1991, 34 (1): 1 – 14.

[98] Sternberg R J, Lubart T L. Buy Low and Sell High: An Investement Approach to Creativity [J]. Current Directions in Pshchological Science. 1992 (1): 1 – 5.

[99] Sternberg R J, Lubart T L. Investing in Creativity [J]. American Psychologist, 1996, 51 (7): 677 – 689.

[100] Sternberg R J, Lubart T L. Defying the crowd: Cultivating Creativity in a Culture of Conformity [M]. New York: Simon & Schuster Inc, 1995.

[101] Sternberg R J. What Is the Common Thread of Creativity? It's Dialectical Relation to Intelligence and Wisdom [J]. American Psychologist, April 2001, 56 (4): 360 – 362.

[102] Sternberg R J, Nancy K Dess. Creativity for the New Millennium [J].

American Psychologist, April 2001a; 56 (4): 332 -333.

[103] Terri R Kurtzberg. Feeling Creative, Being Creative: An Emperical Study of Diversity and Creativity in Teams [J]. Creativity Research Journal, 2005, 17 (4): 51.

[104] Thomas B Ward, Merry J Patterson, Cynthia M Sifonis. The Role of Specificity and Abstraction in Creative Idea Generation [J]. Creativity Research Journal, 2004, 16 (3): 1.

[105] Thomas D R. Qualitative Data Analysis: Using A General Inductive Approach [M]. Health Research Methods Advisory Service, Department of Community Health University of Auckland, New Zealand, 2000.

[106] Welling, Hans. The Intuitive Process: The Case of Psychotherapy [J]. Journal of Psychotherapy Integration, 2004, 15 (1): 19 -47.

[107] Wink Paul, Dillon Michele. Religiousness, Spirituality and Psychosocial Functioning in Late Adulthood: Findings From a Longitudinal Study [J]. Psychology & Aging. 2003, 18 (4): 916 -924.

[108] Woei - Yun Ho. Using Kohonen Neural Network and Principle Component Analysis to Characterize Divergent Hinking [J]. Creativity Research Journal, 2004, 16 (3): 283.

[109] Woodman R W, Sawyer J E, Griffin R W. Toward a Theory of Organizational Creativity [J]. Academy of Management Review, 1993, 18 (2): 293 -321.

[110] Zhu Weili, Shang Siyuan, Jiang Weili, et al. Convergent Thinking Moderates the Relationship between Divergent Thinking and Scientific Creativity [J]. Creativity Research Journal, 2019, 31 (3): 320 -328.